新一代
300Mvar 双水内冷调相机设备运维手册

国网山东省电力公司超高压公司　组编
马龙　主编

中国电力出版社
CHINA ELECTRIC POWER PRESS

内 容 提 要

为加强调相机系统的安全稳定运行，提升调相机设备安全运行水平，预防事故的发生，国网山东省电力公司超高压公司在全面总结多年调相机运维经验及典型案例基础上，编写了本书，详细介绍了新一代 300Mvar 双水内冷调相机各系统的运维巡视要点。

本书可供从事调相机运维的技术人员、管理人员及从事调相机维护工作的施工单位参考使用。

图书在版编目（CIP）数据

新一代 300Mvar 双水内冷调相机设备运维手册 / 国网山东省电力公司超高压公司组编；马龙主编. —北京：中国电力出版社，2023.5

ISBN 978-7-5198-7688-3

Ⅰ. ①新… Ⅱ. ①国…②马… Ⅲ. ①同步补偿机–设备管理–技术手册 Ⅳ. ①TM342-62

中国国家版本馆 CIP 数据核字（2023）第 058465 号

出版发行：中国电力出版社
地　　址：北京市东城区北京站西街 19 号（邮政编码 100005）
网　　址：http://www.cepp.sgcc.com.cn
责任编辑：高　芬（010-63412717）
责任校对：黄　蓓　朱丽芳
装帧设计：张俊霞
责任印制：石　雷

印　　刷：三河市万龙印装有限公司
版　　次：2023 年 5 月第一版
印　　次：2023 年 5 月北京第一次印刷
开　　本：710 毫米×1000 毫米　16 开本
印　　张：8.25
字　　数：131 千字
印　　数：0001—1000 册
定　　价：58.00 元

编委会

主　编　马　龙

副主编　刘　冬　宋臻吉　孙世伟　张振华　任众楷　李　振

编写组　刘丽娜　赵永正　杨惟枫　丁　厦　孙守朋　宋慧慧　陈洪萍　张　岩　王鑫威　王宝源　王宝锋　辛　振　公薪宇　张厚君　李　志　荆云波　孙小飞　徐　超　孙　兴　张文文　邱　烽　宗凡琪　甘增朔　石丹丹　王　彬　张旭童　杜文琦　段福兴　侯林源　单宝峰　胡永恒　王青朋　杨磊杰　赵　政　张亚军　孙鹏飞　李德智　姜仁坤　邢　明　张　青　刘顺龙

前　言 Foreword

新一代调相机是一种无功补偿装置，是运行于电动机状态，向电力系统提供或吸收无功功率的同步电机。调相机不带机械负载，也没有原动机，主要用于发出或吸收无功功率，改善电网功率因数，进而维持电网电压水平。在送端电网直流换相失败时吸收过剩无功，防止电压抬升；在受端电网提供无功支撑，提高换相失败恢复能力，强调快速响应能力。同步调相机的冷却介质分两种，分别为空气冷却和水冷却。

为加强调相机系统的安全稳定运行，提升调相机设备安全运行水平，预防事故的发生，在全面总结近年来调相机运维经验基础上，充分吸收典型案例，结合实际，特编制了《新一代 300Mvar 双水内冷调相机设备运维手册》。本书详细介绍了新一代 300Mvar 双水内冷调相机各系统的巡视要点，包括调相机本体、油水系统、电动机、励磁、热工、继电保护等设备的常规巡视项目、重要设备巡视要点及应急要点等。本书内容丰富、实用性较强。本书可供调相机运维人员及从事调相机维护工作的施工单位等使用。

由于本书编者水平有限，书中难免有疏漏或不妥之处，恳请广大读者及同行专家批评指正。

编　者

2022 年 10 月

目　录 Contents

前言

1　常规巡视项目 ······ 1

1.1　巡视分类 ······ 1
1.2　巡视前的准备 ······ 4
1.3　巡视规定 ······ 6
1.4　巡视类别 ······ 7
1.5　例行巡视 ······ 8
1.6　特殊巡视 ······ 43

2　重要设备巡视要点 ······ 46

2.1　调相机本体 ······ 46
2.2　DCS ······ 62
2.3　励磁系统 ······ 75
2.4　内冷水系统 ······ 85
2.5　循环水系统 ······ 96
2.6　除盐水系统 ······ 102
2.7　润滑油系统 ······ 113

常规巡视项目

1.1 巡视分类

调相机站的设备巡视检查分为例行巡视、全面巡视、熄灯巡视、专业巡视和特殊巡视。

1.1.1 例行巡视

（1）例行巡视是指对站内设备及设施外观、异常声响、设备渗漏、监控系统、二次装置及辅助设施异常告警、消防安防系统完好性、换流站运行环境、缺陷和隐患跟踪检查等方面的常规性巡查，具体巡视项目按照现场运行通用规程和专用规程执行。

（2）例行巡视设备分类见表 1-1。

表 1-1 例行巡视设备分类

序号	设备类别	设备名称
1	一次设备	GIS 设备
2		升压变压器
3		调相机本体
4		封闭母线
5		干式变压器

续表

序号	设备类别	设备名称
6	一次设备	避雷器
7		绝缘子
8		防雷接地系统
9		电力电缆
10	二次设备	保护系统
11		分散控制系统（Distributed Control System，DCS）
12		励磁系统
13		静止变频器（Static Frequency Converter，SFC）
14		保护信息子站
15		电能计量系统
16		故障录波装置
17		安全自动装置
18		室外操作机构箱、端子箱
19	辅助设备	站用电系统
20		内冷水系统
21		消防系统
22		除盐水系统
23		润滑油系统
24		循环水系统
25		空调系统
26		通风系统

1.1.2 全面巡视

（1）全面巡视是指在例行巡视项目基础上，对站内设备开启箱门检查，按照设备运维细则记录设备运行数据，并进行分析，检查设备污秽情况，检查防火、防小动物、防误闭锁等有无漏洞，检查接地引下线是否完好，检查调相机设备厂房等方面的详细巡查。全面巡视和例行巡视可一并进行。

（2）需要解除防误闭锁装置才能进行巡视的，巡视周期由各运维单位根据调相机运行环境及设备情况，在现场运行专用规程中明确。

1.1.3 熄灯巡视

熄灯巡视是指夜间熄灯开展的巡视，重点检查设备有无电晕、放电现象，接头有无过热现象。

1.1.4 专业巡视

专业巡视是指为深入掌握设备状态，由运维、检修、设备状态评价人员联合开展的对设备的集中巡查和检测。

1.1.5 特殊巡视

特殊巡视是指因设备运行环境、方式变化而开展的巡视。遇有以下情况，应进行特殊巡视：

（1）大风后。

（2）雷雨后。

（3）地震后。

（4）冰雪、冰雹后及雾霾过程中。

（5）新设备投入运行后。

（6）设备经过检修、改造或长期停运后重新投入系统运行后。

（7）设备缺陷有发展时。

（8）设备发生过负载或负载剧增、超温、发热、系统冲击、跳闸等异常情况。

（9）电网供电可靠性下降或存在发生较大电网事故（事件）风险时段。

1.1.6 巡视周期

（1）例行巡视周期：例行巡视周期不少于每天一次。

（2）全面巡视周期：全面巡视周期不少于每月一次。

（3）熄灯巡视周期：熄灯巡视周期不少于每月一次。

（4）专业巡视周期：专业巡视周期不少于每月一次。

（5）特殊巡视周期：

1）大雾、大风、雷雨、冰雪低温及冰雹等恶劣天气，应加强巡视并持续观察，直至天气好转。

2）设备新投运前后均应进行巡视，在试运行期间每天至少巡视一次。

3）设备经过检修、改造或长期停运后，重新投入前后均应进行巡视。

4）高温天气、负荷明显增加、设备异常过热或超温时应增加巡视次数。

5）设备运行中发现可疑现象、缺陷时，应根据具体情况制定合理的巡视周期，确保能及时发现设备异常状态的变化。

6）系统冲击和设备事故后应立即进行巡视。

1.2 巡视前的准备

1.2.1 人员要求

人员要求见表 1-2。

表 1-2　　人员要求

序号	内容
1	巡视人员必须经《电力安全工作规程 变电部分》（Q/GDW 1799.1—2013）年度考试合格
2	巡视人员精神状态正常，无妨碍工作的病症，着装符合要求
3	巡视人员具备必要的电气知识和业务技能，熟悉本站一次设备、二次设备和辅助设备
4	巡视人员具备必要的安全生产知识，学会紧急救护法，特别学会触电急救
5	巡视人员经站内考试合格，一般情况下由两人及以上一起巡视，其中至少一名为副值班员以上岗位，同时巡视过程应保持通信通畅

1.2.2 巡视危险点

巡视危险点见表 1-3。

表1-3　　巡视危险点

序号	内容
1	误碰、误动、误登运行设备
2	擅自打开设备网门，擅自移动临时安全围栏，擅自跨越设备固定围栏
3	发现缺陷及异常，单人进行处理
4	发现缺陷及异常时，未及时汇报，造成处理不及时
5	擅自改变检修设备状态，变更工作地点安全措施
6	登高检查设备，如登上开关机构平台检查设备时，感应电使人员失去平衡，造成人员碰伤、摔伤
7	检查设备机构、气泵、油泵等部件时，电机突然启动，转动装置伤人
8	高压设备发生接地时，保持距离不够，造成人员伤害
9	夜间巡视，造成人员碰伤、摔伤
10	开、关设备门，振动过大，造成设备误动作
11	随意动用设备闭锁万用钥匙
12	在控制保护设备室使用移动通信工具，造成保护误动
13	特殊天气未按规定佩戴安全防护用具
14	雷雨天气，靠近避雷器和避雷针，造成人员伤亡
15	进出高压室，未随手关门，造成小动物进入
16	不戴安全帽、不按规定着装，在突发事件时失去保护
17	使用不合格的安全工器具和劳动防护用品
18	生产现场安全措施不规范，如警告标识不齐全、孔洞封闭不良、带电设备隔离不符合要求原因，易造成人身伤害
19	人员身体状况不适，思想波动，造成巡视质量不高或发生人身伤害
20	蛇虫等伤害巡视人员
21	GIS 设备室 SF_6 发生泄漏，造成人员中毒

1.2.3 巡视工器具

巡视工器具见表 1-4。

表 1-4　　巡 视 工 器 具

序号	名称	单位	数量	要求
1	安全帽	顶	1/人	必须
2	绝缘靴	双	1/人	根据需要
3	望远镜	只	1	根据需要
4	护目镜	副	1/人	根据需要
5	应急灯	盏	1	夜晚
6	钥匙	套	1	必须
7	对讲机	个	1	必须
8	照相机	台	1	根据需要
9	摄像机	台	1	根据需要
10	红外测温仪	台	1	根据需要
11	雨衣	件	1/人	根据需要
12	测振仪	台	1/人	根据需要
13	听音棒	支	1/人	根据需要

1.3 巡 视 规 定

巡视规定见表 1-5。

表 1-5　　巡 视 规 定

序号	内容
1	巡视检查时，应与带电设备保持足够的安全距离
2	巡视检查时，不得随意改变临时安全围栏，不得擅自移开或越过常设遮栏
3	高压设备发生接地时，室内不得接近故障点 4m 以内，室外不得接近故障点 8m 以内。进入上述范围人员必须穿绝缘靴，接触设备的外壳和架构时，必须戴绝缘手套
4	夜间巡视应带照明工具

续表

序号	内容
5	巡视前，应检查所使用的安全工器具完好
6	在控制保护设备室禁止使用各类移动通信工具
7	雷雨天气，需要巡视高压设备时，应穿绝缘靴，并不得靠近避雷器和避雷针
8	进出高压室，必须随手将门关好
9	进入设备区，必须戴安全帽
10	发现缺陷及异常时，应按缺陷管理制度规定执行，不得擅自处理
11	禁止变更检修现场安全措施，禁止改变检修设备状态

1.4 巡视类别

巡视类别见表1-6。

表1-6　　巡　视　类　别

序号	巡视类别	巡视内容
1	外观	通过现场查看设备外观有无变形、破损、渗漏、变色等异常现象
2	声音	通过各类设备运行声音来判断设备是否存在松动、振动现象，运行是否正常
3	气味	通过闻现场的气味可以发现现场是否有烧糊、内部故障等现象
4	盘面	查看设备盘面显示是否正常，把手位置是否正确
5	电源	确认二次盘柜和端子箱、操作箱内的电源开关是否在正常位置
6	数据	现场表计、指示、读数等是否在正常范围
7	密封、防潮	检查盘柜密封完好，柜内无进水、受潮、结露、锈蚀现象；温控器运行正常且温度设置正常，加热器运行正常
8	元器件、接线	检查二次盘柜和端子箱、操作箱内的元器件无损坏，接线无松动
9	打印机装置	检查打印机完好，打印纸充分

续表

序号	巡视类别	巡视内容
10	功能	检查设备、装置的功能是否完好
11	接地	检查构架及盘柜接地连接良好
12	基础	检查构架基础平稳，无下沉现象
13	标识	检查设备编号标识齐全、清晰、无损坏，相序标注清晰

1.5 例行巡视

1.5.1 巡视路线

以三台机为例，巡视路线见表1－7。

表1－7　　三台机巡视线路

序号	巡视路线	巡视发现问题	时间	人员
1	3号调相机房0m润滑油集装→润滑油在线滤油装置→循环水电动滤水器→定、转子冷却水集装→调相机公用及3号机400V配电间→3号机电子间→除盐水车间→润滑油净污油箱及输送泵→2号调相机房0m润滑油集装→润滑油在线滤油装置→循环水电动滤水器→定、转子冷却水集装→雨淋阀室→2号机400V配电间→2号机电子间→直流UPS间→220V蓄电池室→1号调相机房0m润滑油集装→润滑油在线滤油装置→循环水电动滤水器→定、转子冷却水集装→1号机电子间→1号机400V配电间			
2	循环水泵房400V配电间→循环水泵房加药间→循环水泵房→工业水池→机力通风塔			
3	调相机房4.5m 1号调相机盘车装置、本体、集电环室及进水支座→励磁变、中性点接地变压器→1号机励磁小室→气体消防间→2号调相机盘车装置、本体、集电环室及进水支座→励磁变压器、中性点接地变压器→2号机励磁小室→SFC设备间→3号调相机盘车装置、本体、集电环室及进水支座→励磁变压器、中性点接地变压器→3号机励磁小室→工程师站			
4	调相机房外升压变压器、GIS隔离开关			

1.5.2 一次设备

（1）GIS 设备巡视项目及内容见表 1－8。

表 1－8 GIS 设备巡视项目及内容

序号	设备（部件）名称	巡视项目	巡视内容	备注
日巡				
1	GIS 设备间	外观检查	（1）GIS 外壳无破损、裂纹 （2）断路器、隔离开关、接地刀闸分合指示正确 （3）断路器弹簧储能指示在储能区域，储能液压油位正常 （4）各气室 SF_6 密度继电器指针指示在绿色区域 （5）GIS 气室防爆装置喷口无破裂 （6）检查局部放电在线监测检测值正常	
2	汇控柜	状态指示	（1）就地控制柜（就地控制柜）内无异常报警 （2）就地控制柜内开关、隔离刀闸、接地开关“远控/近控”切换把手在正常位置，解锁切换把手在“联锁”位置 （3）就地控制柜内各个报警状态指示灯正常 （4）就地控制柜内灯指示正确，与一次设备状态一致	
周巡				
3	设备本体	数据检查	（1）开关弹簧储能指示正常，储能液压油位正常 （2）液压机构无渗漏油现象 （3）SF_6 密度继电器显示压力在正常范围内 （4）电缆槽盒稳固，密封性良好	
4		红外测温	（1）一次设备外壳温度正常，无明显发热点（HGIS 开关通流回路、跳线接头、电流互感器通流回路） （2）就地控制柜内小开关、继电器、二次端子无过热现象 （3）迎峰度夏期间，一次设备红外测温一周一次	
5	汇控柜	电源检查	（1）交流电源总开关 （2）照明及加热器电源开关 （3）断路器电机操作 A 相电源开关 （4）断路器电机操作 B 相电源开关 （5）断路器电机操作 C 相电源开关 （6）变压器电源开关 （7）直流电源总开关 （8）验电器电源开关 （9）信号电源开关 （10）隔离、接地操作电源开关 （11）各个隔离、接地开关电机电源开关	
6		密封、防潮检查	（1）就地控制柜门关闭良好 （2）隔离开关、接地开关操作机构门密封良好 （3）电缆孔洞封堵严密 （4）就地控制柜内加热器、温控器投入正常、无结水现象	

续表

序号	设备（部件）名称	巡视项目	巡视内容	备注
周巡				
7	汇控柜	元器件、接线检查	（1）就地控制柜内继电器、接触器、开关接线无发霉、锈蚀，外观正常 （2）400V 配电屏负荷无跳闸无焦糊味及异常声响 （3）端子接线无松动、脱落	
8	其他		（1）巡视爬梯稳固可靠 （2）防火设施齐全，符合要求，检测日期合格 （3）室内照明正常	
月巡				
9	开关汇控柜	开关、把手位置	（1）设备操作电源合上位置正常 （2）控制电源开关合上正常 （3）信号电源开关合上正常 （4）TV 小开关位置正常 （5）加热、照明电源位置正常 （6）开关、隔离刀闸、接地开关“远控/近控”切换把手在“远控”位置 （7）“解锁/联锁”切换把手在“联锁”位置	
10		状态指示	（1）柜内状态指示正确，与一次设备状态一致 （2）柜内各个报警状态指示灯正常，各模块、继电器指示正常	
11		元器件、接线检查	（1）照明功能正常 （2）无发霉、锈蚀现象，无过热痕迹及焦糊味 （3）端子接线无脱落，端子无异常打开 （4）计数器指示清晰	
12		密封检查	（1）开关汇控柜门密封良好，关闭正常 （2）电缆孔洞封堵严密	
13		防潮检查	（1）加热器、温控器投入正常 （2）无积水、凝露现象	
14	本体	外观检查	（1）GIS 气室防爆装置喷口无破裂 （2）设备标示完整、清晰、无脱落	
15		表计检查	SF_6 密度继电器指针指示正常	
16		标识检查	设备标示完整、清晰、无脱落	

（2）升压变压器巡视项目及内容见表 1－9。

表 1-9　　升压变压器巡视项目及内容

序号	设备（部件）名称	巡视项目	巡视内容	备注
日巡				
1	本体	外观检查	（1）检查油面温度计、绕组温度计读数正常 （2）分接头档位和本体储油柜油位在正常范围内 （3）变压器本体阀门、套管、法兰、管道连接处无渗、漏油现象 （4）压力释放装置完好，无动作，无喷油痕迹 （5）呼吸器完好，呼吸通畅，硅胶变色情况，呼吸器启动情况 （6）检查投入运行的冷却器组是否恰当，是否与负荷及温度相适应 （7）冷却器风扇和油泵运转正常，无异常声音和振动，油流指示正常 （8）检查气体继电器中应无空气 （9）变压器区域所有箱门关好 （10）变压器本体、冷却器运行声音均匀，无异响，四周无异味 （11）变压器分接头操作连杆无脱落、变形现象 （12）变压器四周无异物	
2	测量装置	数据检查	（1）变压器油温、绕组温度现场指示与后台指示相同 （2）在线气体监测装置数据正常	
周巡				
3	本体	电源、盘面检查	（1）套管外部无破损裂纹、无严重油污、无放电痕迹及其他异常现象 （2）变压器各连接引线无异常，各连接点无发热变色现象 （3）冷却器控制箱内各电源开关、切换开关在正常位置 （4）无载调压控制箱内远近控制开关正常应在“REM”（远方）位置，档位显示与机械指示一致，无异常信号。机构箱密封良好，动作计数动作正常	
4		红外测温	（1）变压器套管接头温度无过热点 （2）冷却器控制柜和分接头控制柜内的小开关、继电器、二次端子无过热点	
5		元器件、接线检查	（1）冷却器控制柜和分接头控制柜内继电器、接触器、开关及二次端子接线无发霉、锈蚀、烤糊等现象 （2）二次接线无松动 （3）各管道阀门、采样阀应在正确位置，无渗、漏油 （4）照明灯工作正常 （5）变压器各连接引线无异常，各连接点无发热变色现象	
6	汇控柜	密封、防潮检查	冷却器控制柜门、分接头控制柜门关闭良好，柜内孔洞封堵严密、温控器运行正常	

续表

序号	设备（部件）名称	巡视项目	巡视内容	备注
月巡				
7	本体	外观检查	变压器套管油位在正常区域、防雨罩无松动、顶部器件无渗漏油	
8	本体	接地检查	变压器本体、感温电缆模块箱柜、冷却器控制柜、分接头控制柜接地连接良好	
9	基础	基础检查	变压器基础平稳，无沉降、破损	
10	标识	标识检查	变压器名称编号、阀门编号、控制柜编号标识清楚，相序标注清晰	

（3）调相机本体巡视项目及内容见表 1－10。

表 1－10　　调相机本体巡视项目及内容

序号	巡视类别	巡视内容
日巡		
1	调相机本体	（1）调相机有无异声、异味、明显振动 （2）调相机定子绕组温度、冷热风温度是否正常，定子绕组有无电晕现象 （3）调相机引出线及中性点连接处、轴承处是否发热，各套管、绝缘子是否清洁，有无裂纹、放电现象 （4）空气冷却器有无渗漏 （5）液位检测器的漏液检测：检查漏液检测器视窗，判断有无漏夜 （6）检查转子有无漏水 （7）抄录转子绕组对地绝缘 （8）盘车装置有无异声、渗漏 （9）检查本体防护罩有无破损、开裂 （10）检查定子冷却进出水压差是否正常 （11）检查转子轴振、瓦振是否正常 （12）接地碳刷检查：检查接地碳刷的有效长度是否合理
2	集电环装置	（1）正常运行巡视时，用热像仪检测滑环和碳刷的温度，若有超出须及时维护消除 （2）整体外观检查 1）检查碳刷有无火花情况 2）碳刷有无跳动、摇动的现象 3）碳刷辫连接是否有松动，碳刷辫是否有被拉紧现象 4）碳刷是否需要更换，当碳刷磨损至预设位置时综合监测装置报警，或碳刷磨损至原长度 2/3 时，须及时更换碳刷 5）检查磁极引线绑绳有无松动和脱落，若有及时反馈并尽快停机处理
3	其他	室内密封完好，无渗漏，无积水

续表

序号	巡视类别	巡视内容
周巡		
4	调相机本体	（1）调相机有无异声、异味、明显振动 （2）调相机定子绕组温度、冷热风温度是否正常，定子绕组有无电晕现象 （3）调相机引出线及中性点连接处是否发热，各套管、绝缘子是否清洁，有无裂纹、放电现象 （4）空气冷却器有无渗漏 （5）集电环，碳刷应清洁，无过热，无卡住现象 （6）检查轴承有无漏油现象
5	集电环装置	（1）抽检刷握 1）要求抽检率每极不低于 20%，若有不合格的，需全检 2）单次操作只允许拔出一个刷握进行抽检，待检查复装后再进行下一次操作 3）碳刷接触面须光亮，有良好的氧化膜；若碳刷接触面无光亮，或光亮接触面少，或有多处表面划痕，会增大磨损和发热，要及时查找原因并消除 4）碳刷在刷握内自由移动，无卡涩现象 5）弹簧压力是否有异常，检查碳刷压力，其压力须分布均匀，差别不得超过 10% 6）碳刷边缘是否有脱落、崩裂的现象 （2）电流分布检查 各碳刷的电流分担是否均匀。用卡钳表抽检碳刷刷辫上电流，如有电流分布异常，须全面检查碳刷电流分布，对电流偏小或偏大的碳刷及时调整并消除偏差 （3）其他检查 1）检查滑环和刷握是否有油雾或油污，若有须尽快消除油雾，在消除前须加强滑环和碳刷的巡视 2）检查外罩滤网是否通风顺畅，保持集电环运行环境的清洁 3）检查进水支座，当排水量增大时，适当扳紧法兰螺栓，保证排水水流量要求（约 800mL/min） 4）检查定、转子进水水质，保证水质无杂质、异物
6	其他	室内密封完好，无渗漏、积水
月巡		
7	调相机本体	（1）调相机有无异声、异味、明显振动 （2）调相机定子绕组温度、冷热风温度是否正常，定子绕组有无电晕现象 （3）调相机引出线及中性点连接处是否发热，各套管、绝缘子是否清洁，无裂纹、放电现象 （4）空气冷却器有无渗漏 （5）集电环、碳刷应清洁，无过热、卡住现象
8	集电环装置	（1）抽检刷握 1）要求抽检率每极不低于 20%，若有不合格的，需全检 2）单次操作只允许拔出一个刷握进行抽检，待检查复装后再进行下一次操作 3）碳刷接触面须光亮，有良好的氧化膜；若碳刷接触面无光亮，或光亮接触面少，或有多处表面划痕，会增大磨损和发热，要及时查找原因并消除 4）碳刷在刷握内自由移动，无卡涩现象 5）弹簧压力是否有异常，检查碳刷压力，其压力须分布均匀，差别不得超过 10% 6）碳刷边缘是否有脱落、崩裂的现象

续表

序号	巡视类别	巡视内容
		月巡
8	集电环装置	（2）电流分布检查：各碳刷的电流分担是否均匀。用卡钳表抽检碳刷刷辫上电流，如有电流分布异常，须全面检查碳刷电流分布，对电流偏小或偏大的碳刷及时调整并消除偏差 （3）其他检查 1）检查滑环和刷握是否有油雾或油污，若有须尽快消除油雾，在消除前须加强滑环和碳刷的巡视 2）检查外罩滤网是否通风顺畅，保持集电环运行环境的清洁 3）检查进水支座，当排水量增大时，适当扳紧法兰螺栓，保证排水水流量要求（约800mL/min） 4）检查定、转子进水水质，保证水质无杂质、异物
9	其他	室内密封完好，无渗漏、积水

（4）励磁系统巡视项目及内容见表 1－11。

表 1－11　励磁系统巡视项目及内容

序号	巡视类别	巡视内容
		日巡
1	外观	（1）各整流柜冷却风机运行正常 （2）励磁调节器各指示灯无报警 （3）无异常气味 （4）励磁调节柜各信号指示灯显示正常，无告警灯亮
2	声音	（1）风扇运行声音正常 （2）各设备运行声音平稳，无异常振动
3	数据	（1）励磁小间内环境温度不高于 40℃ （2）各整流柜输出电流基本均衡
		月巡
4	电源、盘面	电源小开关均在合上位置
5	红外测温	盘内主机、接头、端子无发热
6	密封、防潮	（1）控制柜、端子箱关闭良好 （2）箱内孔洞封堵严密，无异物
		年巡
7	接地	盘柜接地铜排接地良好无锈蚀，接地标识清晰
8	密封	盘柜封堵良好
9	标识	检查设备编号标识齐全、清晰、无损坏，相序标注清晰

（5）SFC 系统巡视项目及内容见表 1－12。

表 1－12　SFC 系统巡视项目及内容

序号	巡视类别	巡视内容
日巡		
1	外观	（1）所有柜门都关闭并锁定 （2）所有 SFC 及输入输出变压器的保护已投入 （3）显示单元无报警和故障信号 （4）输入/输出变压器无异味，接头无氧化、腐蚀及放电痕迹 （5）输入/输出变压器高、低压电缆接头表面清洁，无闪络、放电痕迹 （6）输入变压器保护装置保护连片正常投入，保护装置无告警 （7）输入、输出开关位置正确，无告警信号 （8）电抗器表面清洁，外观完好，运行中无异味 （9）电抗器连接头无氧化、腐蚀及放电痕迹，电抗器接地牢固 （10）电抗器各支持绝缘子表面清洁，完整无裂痕 （11）系统控制方式在“远方”，控制面板上手型按钮显示红色，各信号指示正常，无任何报警信号 （12）各柜内无异味，柜门关闭严密
2	声音	（1）风扇运行声音正常 （2）各设备运行声音平稳，无异常振动
3	数据	输入/输出变压器绕组、铁芯温度正常
月巡		
4	电源、盘面	电源小开关均在合上位置
5	红外测温	（1）盘内主机、接头、端子无发热 （2）输入/输出变压器、电抗器各接头无发热
6	密封、防潮	（1）控制柜、端子箱关闭良好 （2）箱内孔洞封堵严密，无异物
7	元器件、接线	（1）端子箱内继电器、接触器、开关接线无发霉、锈蚀、过热现象，外观正常 （2）端子接线无松动、脱落 （3）机械挂锁完好
年巡		
8	接地	盘柜接地铜排接地良好无锈蚀，接地标识清晰
9	密封	盘柜封堵良好
10	标识	检查设备编号标识齐全、清晰、无损坏，相序标注清晰

（6）封闭母线及空气循环干燥装置巡视项目及内容见表 1－13。

表 1-13　封闭母线及空气循环干燥装置巡视项目及内容

序号	巡视类别	巡视内容
日巡		
1	离相封闭母线	（1）观察是否有异常的声响或变形 （2）循环再生装置是否正常、分子筛是否失效
2	其他	室内密封完好，无渗漏、积水
周巡		
3	离相封闭母线	观察是否有异常的声响或变形
4	其他	室内密封完好，无渗漏、积水
月巡		
5	离相封闭母线	观察是否有异常的声响或变形
6	其他	室内密封完好，无渗漏、积水

（7）干式变压器巡视项目及内容见表 1－14。

表 1-14　干式变压器巡视项目及内容

序号	巡视类别	巡视内容
日巡		
1	外观	（1）现场检查变压器运行正常，无异常声音 （2）现场检查温度显示正常（绕组温度报警值/跳闸值为 130℃/150℃） （3）表面整洁，无锈蚀现象
2	声音	变压器、风机运行声音正常
3	气味	无异常气味
周巡		
4	红外测温	本体各部位及接头无明显过热点
月巡		
5	接地	变压器外壳接地连接良好
6	基础	变压器基础平稳，无沉降、破损
7	标识	设备编号、警示标识齐全、清晰、无损坏

（8）避雷器巡视项目及内容见表 1－15。

表 1-15 避雷器巡视项目及内容

序号	设备（部件）名称	巡视项目	巡视内容	备注
日巡				
1	设备本体	外观检查	（1）无异常声音 （2）无异物悬挂 （3）绝缘子应清洁无杂物 （4）无放电和闪络的痕迹，无裂纹 （5）均压环无损伤，无放电痕迹 （6）底座牢固，无锈蚀，接地完好	
周巡				
2	避雷器	动作检查	检查避雷器月动作次数，每月抄录一次避雷器动作次数	
3		红外测温	避雷器本体及引线连接部位无异常温升、温差	
月巡				
4	避雷器	接地检查	设备接地连接良好	
5		基础检查	构架基础平稳	
6		标识检查	设备编号标识齐全、清晰、无损坏，相序标注清晰	
7		其他	设备密封完好，无渗漏、积水	

（9）绝缘子巡视项目及内容见表 1-16。

表 1-16 绝缘子巡视项目及内容

序号	设备（部件）名称	巡视项目	巡视内容	备注
日巡				
1	本体	外观检查	（1）表面应清洁，无污秽现象 （2）瓷质部分无破损和裂纹现象 （3）瓷质部分无闪络现象、无放电痕迹	
周巡				
2	本体	外观检查	（1）金属器具无生锈、损坏现象 （2）支撑绝缘子铁脚螺栓无松动或丢失	
3		红外测温	绝缘子温度正常	
月巡				
4	本体	接地检查	绝缘子构架接地良好	
5		基础检查	绝缘子构架基础平稳	

（10）电力电缆巡视项目及内容见表1－17。

表1－17　电力电缆巡视项目及内容

序号	设备（部件）名称	巡视项目	巡视内容	备注
季巡				
1	电缆沟道	外观检查	（1）电缆沟盖板完好，无损坏、塌陷现象，标示完整 （2）电缆沟支架完好，无断裂、弯曲、脱落现象，支架接地良好 （3）电缆沟内清洁、无杂物、无积水 （4）电缆沟内的防火堵料封堵完好，无破损、倒塌 （5）电缆沟内电缆红外测温正常	

（11）防雷接地系统巡视项目及内容见表1－18。

表1－18　防雷接地系统巡视项目及内容

序号	设备（部件）名称	巡视项目	巡视内容	备注
月巡				
1	避雷器及构架	外观检查	（1）基础构架、接地部件无明显积灰 （2）接地部件接地良好，无腐蚀、锈蚀现象 （3）地面清洁无遗留杂物，螺栓连接紧固良好 （4）绝缘子无破损、污秽	
2	避雷针及构架	外观检查	（1）无明显变形、晃动 （2）接地良好，标示清晰	
3	避雷线及构架	外观检查	（1）避雷器线无断裂 （2）接地良好，标示清晰	

1.5.3　二次设备

（1）调相机相关保护系统巡视项目及内容见表1－19。

表1－19　调相机相关保护系统巡视项目及内容

序号	设备（部件）名称	巡视项目	巡视内容	备注
日巡				
1	调变组保护系统	外观检查	（1）设备室内无异常，房间温度正常 （2）无异常声响、振动，无焦糊味	

续表

序号	设备（部件）名称	巡视项目	巡视内容	备注
2	调变组保护系统	开关、把手位置	（1）空气开关均在合上位置 （2）控制把手位置正常	
3		状态指示	（1）主机状态指示灯正常 （2）各板卡工作指示灯正常 （3）操作箱指示灯正常 （4）电源插件、继电器、电源模块指示灯正常 （5）显示屏显示正常	
4		打印机	打印机电源正常，打印纸充足	
5		保护压板	保护压板状态正确	
6		对时检查	核对设备时钟与 GPS 时钟一致	
月巡				
7	屏柜	元器件、接线检查	（1）照明功能正常 （2）无发霉、锈蚀现象，无过热痕迹及焦糊味 （3）端子接线无脱落，端子无异常打开	
8		密封检查	（1）柜门密封良好，关闭正常 （2）电缆孔洞封堵严密	
9		标识标示	设备标示完整、清晰、无脱落	
10		接地检查	盘柜接地铜排接地良好，接地标识清晰	
11		标识检查	保护屏柜名称编号清楚	

（2）DCS 巡视项目及内容见表 1－20。

表 1-20　DCS 巡视项目及内容

序号	设备（部件）名称	巡视项目	巡视内容	备注
日巡				
1	工程师站、操作员站	环境温、湿度检查	（1）工作温度：15～25℃；湿度：10%～95%，不结露 （2）无异常声响、振动，无焦糊味	
2		存储设备检查	防止将电脑病毒带入，工程师站上不应安装任何其他第三方软件及使用未经许可认证的存储介质	

续表

序号	设备（部件）名称	巡视项目	巡视内容	备注
日巡				
3	控制站及 I/O 模块	环境温、湿度检查	（1）工作温度：0～30℃ （2）湿度：10%～95%，不结露 （3）检查各散热风扇应运转正常，若发现散热风扇有异声或停转，应查明原因，及时处理	
周巡				
4	控制屏柜检查	开关位置	（1）空气开关均在合上位置 （2）控制把手位置正常	
5		状态指示	（1）主机状态指示灯正常 （2）各板卡、继电器、模块工作指示灯正常 （3）电源插件、继电器、电源模块指示灯正常 （4）显示屏显示正常	
6		元器件、接线检查	（1）照明功能正常 （2）无发霉、锈蚀现象，无过热痕迹及焦糊味 （3）端子接线无脱落，端子无异常打开	
7		密封检查	（1）柜门密封良好，关闭正常 （2）电缆孔洞封堵严密	
8		标识标示	设备标示完整、清晰、无脱落	
9		对时检查	核对设备时钟与 GPS 时钟一致	
10	监控系统	台账管理	建立计算机控制系统硬、软件故障记录台账和软件修改记录台账，详细记录系统发生的所有问题（包括错误信息和文字）、处理过程和每次软件修改记录	
月巡				
11	历史数据存储设备	设备状态检查	（1）应处于激活状态（或默认缺省状态），光盘或硬盘、磁带等应有足够的余量，否则及时予以更换 （2）使用磁带机时，应经常用清洗带清洁磁头	
12		容量检查	检查硬盘应有足够的空余空间，否则应检查并删除垃圾文件或清空打印缓冲池	
13		光驱清洁度检查	用专门的光驱清洁盘对光驱进行清洗，保持光驱的清洁	
14	打印机	打印机检查	针打的打印头、字辊导轨和机内纸屑等，宜每月进行一次清洁，并适量添加润滑油	
15	DCS 监控系统	缺陷记录	（1）做好缺陷记录 （2）按有关规定及时安排消缺 （3）自动化专责工程师应每月对巡视记录进行检查，对处理情况进行核查	

（3）保护信息子站巡视项目及内容见表1－21。

表 1-21 保护信息子站巡视项目及内容

序号	设备（部件）名称	巡视项目	巡视内容	备注
日巡				
1	信息管理子站	外观检查	（1）设备室内无异常，房间温度正常 （2）无异常声音、振动，无焦糊味	
2		状态指示	装置面板指示灯指示正常	
周巡				
3	信息管理子站	开关位置	空气开关均在合上位置	
4		状态指示	（1）主机状态指示灯正常 （2）各板卡工作指示灯正常 （3）操作箱指示灯正常 （4）电源插件、继电器、电源模块指示灯正常 （5）显示屏显示正常	
5		对时检查	核对设备时钟与 GPS 时钟一致	
月巡				
6	屏柜	元器件、接线检查	（1）照明功能正常 （2）无发霉、锈蚀现象，无过热痕迹及焦糊味 （3）端子接线无脱落，端子无异常打开	
7		密封检查	（1）柜门密封良好，关闭正常 （2）电缆孔洞封堵严密	
8		标识标示	设备标示完整、清晰、无脱落	
9		接地检查	盘柜接地铜排接地良好，接地标识清晰	
10		标识检查	保护屏柜名称编号清楚	

（4）故障录波装置巡视项目及内容见表 1-22。

表 1-22 故障录波器装置巡视项目及内容

序号	设备（部件）名称	巡视项目	巡视内容	备注
日巡				
1	故障录波装置	外观检查	（1）设备室内无异常，房间温度正常 （2）无异常声响、振动，无焦糊味	
2		状态指示	装置面板指示灯指示正常	
周巡				
3	故障录波装置	开关位置	空气开关均在合上位置	

续表

序号	设备（部件）名称	巡视项目	巡视内容	备注
周巡				
4	故障录波装置	状态指示	（1）主机状态指示灯正常 （2）各板卡工作指示灯正常 （3）操作箱指示灯正常 （4）电源插件、继电器、电源模块指示灯正常 （5）显示屏显示正常	
5		对时检查	核对设备时钟与GPS时钟一致	
月巡				
6	屏柜	元器件、接线检查	（1）照明功能正常 （2）无发霉、锈蚀现象，无过热痕迹及焦糊味 （3）端子接线无脱落，端子无异常打开	
7		密封检查	（1）柜门密封良好，关闭正常 （2）电缆孔洞封堵严密	
8		标识标示	设备标示完整、清晰、无脱落	
9		接地检查	盘柜接地铜排接地良好，接地标识清晰	
10		标识检查	保护屏柜名称编号清楚	

（5）电能计量系统巡视项目及内容见表1－23。

表1－23　　电能计量系统巡视项目及内容

序号	设备（部件）名称	巡视项目	巡视内容	备注
周巡				
1	电能计量屏	开关位置检查	空气开关均在合上位置	
2		外观检查	（1）电能表显示正常 （2）表计铅封完好	
月巡				
3	屏柜	元器件、接线检查	（1）屏内照明功能正常 （2）无发霉、锈蚀现象，无过热痕迹及焦糊味 （3）端子接线无脱落，端子无异常打开	
4		密封检查	（1）柜门密封良好，关闭正常 （2）电缆孔洞封堵严密	
5		标识标示	设备标示完整、清晰、无脱落	
6		接地检查	盘柜接地铜排接地良好，接地标识清晰	
7		标识检查	保护屏柜名称编号清楚	

（6）室外操作机构箱、端子箱巡视项目及内容见表1－24。

表1－24　　室外操作机构箱、端子箱巡视项目及内容

序号	设备（部件）名称	巡视项目	巡视内容	备注
日巡				
1	室外操动机构箱、端子箱	外观检查	箱体完好，无变形，箱门已关好	
周巡				
2	室外操动机构箱、端子箱	密封检查	（1）箱门关闭良好 （2）箱内孔洞封堵严密 （3）箱内无杂物、小动物	
3		防潮检查	（1）箱内无凝露现象，加热器投入正常 （2）温控器调节在25℃	
4		接线检查	（1）箱内接线无断股、锈蚀等现象 （2）接线无松动	
5		标识标示	设备标示完整、清晰、无脱落	
月巡				
6	屏柜	接地检查	盘柜接地铜排接地良好，接地标识清晰	
7		标识检查	保护屏柜名称编号清楚	

1.5.4 辅助设备

（1）站用电系统巡视项目及内容见表1－25。

表1－25　　站用电系统巡视项目及内容

序号	设备（部件）名称	巡视项目	巡视内容	备注
日巡				
1	站用电设备	外观检查	（1）设备室内无异常，房间温度正常 （2）无异常声响、振动，无焦糊味	
周巡				
2	10kV干式变压器	外观检查	（1）本体及各附件无明显变形、损坏等现象 （2）变压器温控仪显示正常，变压器温度正常 （3）变压器风机控制方式正常	

续表

序号	设备（部件）名称	巡视项目	巡视内容	备注
周巡				
3	10kV 开关柜	外观检查	开关储能正常	
4		把手位置	控制把手在正常位置	
5		状态指示	（1）面板指示正常，无报警 （2）保护装置指示灯正常	
6	400V 开关柜	外观检查	开关储能正常	
7		开关、把手位置	（1）开关分合位置正常，与指示灯一致 （2）“远方/就地”切换把手在“远方”位置 （3）开关位置把手正常	
8		状态指示	（1）各面板指示正常 （2）保护装置状态正常，无报警	
9	低压直流系统	外观检查	（1）蓄电池室通风正常，温湿度正常 （2）蓄电池无裂纹、渗漏、锈蚀现象 （3）蓄电池在线监测线缆固定良好，无破损	
10		状态指示	（1）蓄电池在线监测模块指示正常，无告警指示，模块无过热，运行方式为浮充 （2）微机直流测控装置无异常报警，蓄电池电压等数据显示在正常范围 （3）无电压、绝缘异常告警	
11		开关、把手检查	（1）开关柜内各电源切换把手位置正确 （2）各负荷开关位置正确，与指示灯一致	
12		表计检查	（1）电池单体电压正常 （2）馈线回路绝缘正常 （3）电压、电流表计指示正常	
13	UPS	外观检查	UPS 装置风扇运行正常	
14		开关、把手检查	（1）开关柜内各电源切换把手位置正确 （2）各负荷开关位置正确，指示灯正常	
15		状态指示	（1）无电压、绝缘异常告警 （2）装置面板指示正常	
16		表计检查	输出电压、电流正常	
月巡				
17	10kV 开关柜	屏柜检查	（1）照明功能正常 （2）无发霉、锈蚀现象，无过热痕迹及焦糊味 （3）端子接线无脱落，无异常打开端子	
18		压板状态	压板位置正常	

续表

序号	设备（部件）名称	巡视项目	巡视内容	备注
月巡				
19	400V 开关柜	压板状态（如果有）	压板位置正常	
20	开关柜本体	密封检查	（1）柜门密封良好，关闭正常 （2）电缆孔洞封堵严密	
21	标识标示	标识检查	设备标示完整、清晰、无脱落	

（2）定转子冷却系统巡视项目及内容见表 1－26。

表 1－26　定转子冷却系统巡视项目及内容

序号	设备（部件）名称	巡视项目	巡视内容	备注
日巡				
1	主回路设备	外观检查	（1）设备无异常，电机轴承温度正常 （2）水泵无异常声响、无焦糊味，无渗漏油、水 （3）主水回路管道及法兰连接处、阀门无渗漏 （4）电加热器无渗漏 （5）主水过滤器无渗漏	
2	水处理设备	外观检查	（1）无渗漏现象 （2）加药泵工作正常 （3）药桶液位正常	
3	测量部件	外观检查	（1）完好无破损 （2）与管道连接处无渗漏	
4	动力及控制柜	外观检查	（1）无异常声响，无报警，无焦糊味 （2）显示屏显示正常 （3）无处于维护状态的内冷系统测量元件	
周巡				
5	主回路	外观检查	（1）水泵油杯油位正常 （2）管道阀门位置指示清晰 （3）阀门定位装置完好无脱落，锁具无损坏	
6	主回路	表计检查	数据未远传表计（压差表、流量计、温度计等）指示在正常范围内	
7	动力及控制柜	外观检查	柜体冷却风扇运行正常	

续表

序号	设备（部件）名称	巡视项目	巡视内容	备注
周巡				
8	动力及控制柜	开关位置	（1）控制电源合上位置正常 （2）各设备电源合上位置正常 （3）控制把手位置正常	
9		状态指示	（1）显示无黑屏，信号指示灯正常，控制方式在正常位置 （2）柜内状态指示正确，与设备实际状态一致	
10		元器件、接线检查	（1）盘柜照明功能正常 （2）无发霉、锈蚀现象，无过热痕迹及焦糊味 （3）端子接线无脱落，无异常打开端子	
11		密封检查	（1）柜门密封良好，关闭正常 （2）电缆孔洞封堵严密	
12	标识标示	标识检查	设备标示完整、清晰、无脱落	
月巡				
13	水系统	标识检查	内冷水屏柜、元件标识清楚、无缺失	
14		功能检查	检查内冷水电源、主循环泵切换功能、保护功能	
15		接地检查	内冷水管道、屏柜接地连接良好，管道安装牢固	
16		密封检查	内冷水屏柜、线缆沟封堵良好	

（3）调相机润滑油系统。

1）油集装装置泵日常巡视项目及内容见表1－27。

表1－27　油集装装置泵日常巡视项目及内容

序号	设备（部件）名称	巡视项目	巡视内容	备注
日巡				
1	泵整体	外观检查	（1）检查泵组噪声情况（平稳无杂音） （2）管道及法兰连接处、阀门无渗漏	
2	配管系统	外观检查	配管部位无泄漏变形、碰伤、破损等，支吊架无松动、变形	

续表

序号	设备（部件）名称	巡视项目	巡视内容	备注
			日巡	
3	动力及控制柜	外观检查	（1）无异常声响，无报警，无焦糊味 （2）显示屏显示正常 （3）无处于维护状态的系统测量元件	
			周巡	
4	泵整体	外观检查	（1）管道阀门位置指示清晰 （2）检查轴承温度、振动情况 （3）阀门定位装置完好无脱落，锁具无损坏	
		表计检查	表计指示在正常范围内，且与后台数据一致	
5	配管系统	外观检查	配管部位无泄漏变形、碰伤、破损等	
6	测量部件	外观检查	（1）完好无破损 （2）其他零部件无变形、碰伤、破损等，基础无空洞、龟裂等 （3）底板与泵以及驱动机安装紧固件的牢固性：必要时拧紧 （4）由于松开或损坏，配管是否有明显的泄漏，必要时进行维修 （5）仪表和接线是否损坏：若需要，则更换或维修 （6）无涂装剥落，如有剥落应立即进行修补	
7	动力及控制柜	外观检查	柜体冷却风扇运行正常	
		开关位置	（1）控制电源合上位置正常 （2）各设备电源合上位置正常 （3）控制把手位置正常	
		状态指示	柜内状态指示正确，与设备实际状态一致	
		元器件、接线检查	（1）盘柜照明功能正常 （2）无发霉、锈蚀现象，无过热痕迹及焦糊味 （3）端子接线无脱落，无异常打开端子	
		密封检查	（1）柜门密封良好，关闭正常 （2）电缆孔洞封堵严密	
8	标识标示	标识检查	设备标示完整、清晰、无脱落	
			月巡	
9	油集装装置	标识检查	屏柜、元件标识清楚、无缺失	
10		功能检查	电源、油泵切换功能、保护功能正常	
11		接地检查	管道、屏柜接地连接良好，管道安装牢固	
12		密封检查	屏柜、线缆沟封堵良好	

2）油净化装置巡视项目及周期见表1－28。

表1－28　油净化装置巡视项目及周期

巡视项目	周期
检查真空泵油倒空集油器油杯	每周
更换真空泵油	运行1000小时/6个月
更换真空泵聚结滤芯	运行2000小时或堵塞时
检查各灯泡状况	每3个月
擦洗设备，特别是进口周围，管接头，气流通路等	每3个月
测量电机电流和主设备电流，注意横、纵向对比	每3个月
检查所有软管/密封的状况	每6个月
检查电缆是否老化	每6个月
更换空气过滤器滤芯	每6个月或堵塞时
更换出口滤芯	每6个月或压差报警时
检查流量泵与真空泵的联轴器	每6个月
清洁进口吸滤器	每3个月

（4）循环水系统巡视项目及内容见表1－29。

表1－29　循环水系统巡视项目及内容

<table>
<tr><th>序号</th><th>设备（部件）名称</th><th>巡视项目</th><th>巡视内容</th><th>备注</th></tr>
<tr><td colspan="5">日巡</td></tr>
<tr><td>1</td><td>循环水泵</td><td>外观检查</td><td>（1）机械密封无漏水
（2）压力、振动、听音正常</td><td></td></tr>
<tr><td>2</td><td>动力及控制柜</td><td>外观检查</td><td>（1）无异常声响，无报警，无焦糊味
（2）显示屏显示正常</td><td></td></tr>
<tr><td colspan="5">周巡</td></tr>
<tr><td>3</td><td rowspan="3">主回路</td><td>外观检查</td><td>（1）管道阀门位置指示清晰
（2）阀门定位装置完好无脱落，锁具无损坏</td><td></td></tr>
<tr><td>4</td><td>温度检查</td><td>用温度仪检测泵体及电机轴承温度是否正常</td><td></td></tr>
<tr><td>5</td><td>循环水泵房前池滤网</td><td>滤网清洁无破损</td><td></td></tr>
</table>

续表

序号	设备（部件）名称	巡视项目	巡视内容	备注
周巡				
6	主回路	机力通风塔风机减速机	油位高度油杯 2/3	
7		循环水系统加药装置	（1）加药泵工作正常无渗漏 （2）加药桶液位正常	
8		阀门盘根及管道法兰	无渗漏	
9		循环水泵房排污泵	液位自启正常	
10		表计检查	数据未远传表计指示在正常范围内	
11	动力及控制柜	外观检查	柜体冷却风扇运行正常	
12		开关位置	（1）控制电源合上位置正常 （2）各设备电源合上位置正常 （3）控制把手位置正常	
13		状态指示	（1）变频器及软启动器面板显示无黑屏，信号指示灯正常，控制方式在正常位置 （2）柜内状态指示正确，与设备实际状态一致	
14		元器件、接线检查	（1）盘柜照明功能正常 （2）无发霉、锈蚀现象，无过热痕迹及焦糊味 （3）端子接线无脱落，无异常打开端子	
15		密封检查	（1）柜门密封良好，关闭正常 （2）电缆孔洞封堵严密	
16	标识标示	标识检查	设备标示完整、清晰、无脱落	
月巡				
17	水系统	循环水泵	轴承润滑脂加油脂至轴承室 2/3	
18		机力通风塔风机	（1）风机叶片无松动、损坏 （2）完整无开焊 （3）挡水板完整无损坏	
19		接地检查	水管道、屏柜接地连接良好，管道安装牢固	
20		密封检查	屏柜、线缆沟封堵良好	
21		地脚螺栓	检查地脚螺栓的紧固性	

（5）除盐水系统巡视项目及内容见表 1－30。

表1-30　　除盐水系统巡视项目及内容

序号	设备（部件）名称	巡视项目	巡视内容	备注
日巡				
1	水泵	外观检查	（1）机械密封无漏水 （2）压力、振动、听音正常	
2	控制柜	外观检查	（1）无异常声响，无报警，无焦糊味 （2）显示屏显示正常	
3	超滤装置	参数检查	（1）水温、浊度合格 （2）超滤装置及时反洗	
4	反渗透装置	参数检查	（1）水温、浊度合格 （2）浓水排放控制阀开度保持稳定 （3）脱盐率符合要求	
5	EDI装置	参数检查	（1）进水电导符合要求 （2）极水排放控制阀开度保持稳定	
周巡				
6	主回路	外观检查	（1）数据未远传表计（压差表、流量计、氮气瓶压力等）指示在正常范围内 （2）管道阀门位置指示清晰 （3）阀门定位装置完好无脱落，锁具无损坏	
7	超滤装置	参数检查	实验室仪表检测的数值与在线仪表检测的数值做对比，确保一致	
8	反渗透装置	参数检查	实验室仪表检测的数值与在线仪表检测的数值做对比，确保一致	
9	EDI装置	参数检查	实验室仪表检测的数值与在线仪表检测的数值做对比，确保一致	
月巡				
10	除盐水系统	标识检查	除盐水系统屏柜、元件标识清楚、无缺失	
11		功能检查	除盐水系统电源、主循环泵切换功能、保护功能	
12		接地检查	除盐水系统管道、屏柜接地连接良好，管道安装牢固	
13		密封检查	除盐水系统屏柜、线缆沟封堵良好	

（6）消防系统巡视项目及内容见表1-31。

表 1－31　消防系统巡视项目及内容

序号	巡视类别	巡视内容
日巡		
1	盘面	查看中央报警系统无故障告警
2	状态	（1）雨淋阀间压力正常，管网压力正常，火灾报警主屏、工作站运行正常，无异常报警信号 （2）消防水泵电源屏各电源、控制信号指示灯指示正常，切换把手在“消防泵投入”位置 （3）水消防泵控制柜上各个消防泵及阀门把手在正确位置 （4）感温电缆缠绕正常无断裂
3	渗漏	消防泵、稳压泵及其管道无漏水，地面上无水渍
4	水位	生产消防水池水位正常
月巡		
5	红外测温	消防水泵控制屏各电源开关、接触器无过热现象
6	外观	（1）主控制器盘面状态正常，无报警信号，打印纸充足，工作站无异常报警 （2）各种探测器外观正常，探头指示灯工作正常 （3）手报按钮外观正常，声光报警器外观正常 （4）各管道、阀门无锈蚀、渗水现象，雨淋阀内各阀门状态正确、表计指示正常、柴油泵油位及电压正常
7	电源	消防水泵电源屏无接线脱落，消防泵控制柜各按钮无脱落，箱门关闭良好，箱内清洁无杂物
8	功能试验	柴油机泵月度巡视试验正常
9	常规	综合水泵房门窗关闭良好
年巡		
10	标识	消防泵控制柜、消防泵房标识清楚
11	功能试验	（1）手动启动雨淋阀喷水试验正常（大修期间） （2）消防泵启动试验正常 （3）事故排烟窗能够正常开启和关闭 （4）柴油机泵手动启动试验正常、油位正常 （5）消防栓喷水试验正常

（7）空调系统巡视项目及内容见表 1－32。

表 1-32　　空调系统巡视项目及内容

序号	巡视类别	巡视内容
日巡		
1	外观	（1）空调室外机箱无破损、裂痕 （2）室内循环风口无破损、裂痕、漏水等现象
2	声音	（1）空调室外机压缩机无异常声音 （2）空调室外机风扇运行无卡涩声音
3	盘面	控制楼空调控制屏无报警信号
月巡		
4	外观	（1）空调室外机组进出水温度正常 （2）各回路阀门位置正常 （3）空调室外机散热器无严重污秽 （4）墙壁上的循环风口就地控制器指示正常 （5）控制楼内各设备屏柜上无结冰、凝露等现象
年巡		
5	接地	室外机箱接地连接良好
6	标识	编号标识清晰、无损坏
7	内部	机箱内部管道稳固，无渗漏、破裂、变形等现象

（8）通风系统巡视项目及内容见表 1-33。

表 1-33　　通风系统巡视项目及内容

序号	巡视类别	巡视内容
日巡		
1	外观	风口百叶窗无破损、裂痕
2	声音	风口、轴流风机无异常振动声音
月巡		
3	外观	控制楼各房间内及过道上方的风口无渗漏、破裂、变形等现象
4	盘面	（1）暖通配电间内空调电源柜内空开均合上 （2）控制箱上各切换把手位置及运行指示灯指示正常 （3）加湿器控制箱运行指示灯指示正常 （4）空调箱内开关均在正常状态

续表

序号	巡视类别	巡视内容
月巡		
5	红外测温	柜内开关、接触器、继电器、导引线、端子无过热现象
6	密封	柜门关闭良好，柜内孔洞封堵良好
7	湿度	（1）休息室、会议室、控制室的湿度在适宜的范围内 （2）各设备室、资料室、继电保护室的湿度在规定的范围之间

1.5.5 设备加油脂记录

调相机转动设备加油脂记录见表 1－34。

表 1－34　　调相机转动设备加油脂记录

序号	设备名称	油质	加油量	周期	标准	时间
1	1 号调相机润滑油箱	#46	L	每月	700～800	
2	1 号机润滑油在线装置真空泵	真空泵油	L	每月	2/3	
3	1 号机封母罗茨风机	SSR	L	每月	2/3	
4	1 号机电动滤水器减速机	#46	L	每月	2/3	
5	1 号机定子水泵轴承室油杯	#46	L	每月	2/3	
6	1 号机转子水泵轴承室油杯	#46	L	每月	2/3	
7	1 号机润滑油泵电机 2 台	锂基脂	kg	每 3 个月	2/3	
8	1 号机顶轴油泵电机 2 台	锂基脂	kg	每 3 个月	2/3	
9	1 号机定、转子水泵电机 4 台	锂基脂	kg	每 3 个月	2/3	
10	2 号调相机润滑油箱	#46	L	每月	700～800	
11	2 号机润滑油在线装置真空泵	真空泵油	L	每月	2/3	
12	2 号机封母罗茨风机	SSR	L	每月	2/3	
13	2 号机电动滤水器减速机	#46	L	每月	2/3	
14	2 号机定子水泵轴承室油杯	#46	L	每月	2/3	
15	2 号机转子水泵轴承室油杯	#46	L	每月	2/3	
16	2 号机润滑油泵电机 2 台	锂基脂	kg	每 3 个月	2/3	
17	2 号机顶轴油泵电机 2 台	锂基脂	kg	每 3 个月	2/3	

续表

序号	设备名称	油质	加油量	周期	标准	时间
18	2 号机定、转子水泵电机 4 台	锂基脂	kg	每 3 个月	2/3	
19	3 号调相机润滑油箱	#46	L	每月	700～800	
20	3 号机润滑油在线装置真空泵	真空泵油	L	每月	2/3	
21	3 号机封母罗茨风机	SSR	L	每月	2/3	
22	3 号机电动滤水器减速机	#46	L	每月	2/3	
23	3 号机定子水泵轴承室油杯	#46	L	每月	2/3	
24	3 号机转子水泵轴承室油杯	#46	L	每月	2/3	
25	3 号机润滑油泵电机 2 台	锂基脂	kg	每 3 个月	2/3	
26	3 号机顶轴油泵电机 2 台	锂基脂	kg	每 3 个月	2/3	
27	3 号机定、转子水泵电机 4 台	锂基脂	kg	每 3 个月	2/3	
28	循环水泵轴承室	锂基脂	kg	每 3 个月	2/3	
29	循环水泵电机	锂基脂	kg	每 3 个月	2/3	
30	机力通风塔风机	重型齿轮 220	L	每月	2/3	
31	机力通风塔电机	锂基脂	kg	每 3 个月	2/3	

1.5.6 设备测振测温记录

调相机转动设备测温、测振记录表见表 1－35。

表 1－35　　调相机转动设备测温、测振记录表

序号	设备名称	轴承号	振动（mm/s）			温度	设备名称	轴承号	振动（mm）			温度
			水平	垂直	轴向				水平	垂直	轴向	
1	1 号润滑油 A/B 泵电机	驱动端					1 号润滑油 A/B 泵电机	自由端				
2	1 号定冷水 A/B 泵电机	驱动端					1 号定冷水 A/B 泵电机	自由端				
3	1 号定冷水 A/B 水泵	驱动端					1 号定冷水 A/B 水泵	自由端				

续表

序号	设备名称	轴承号	振动（mm/s）			温度	设备名称	轴承号	振动（mm）			温度
			水平	垂直	轴向				水平	垂直	轴向	
4	1 号转子水 A/B 泵电机	驱动端					1 号转子水 A/B 泵电机	自由端				
5	1 号转子水 A/B 水泵	驱动端					1 号转子水 A/B 水泵	自由端				
6	1 号机轴承	出线端					1 号机轴承	非出线端				
7	1 号机本体基座	出线端					1 号机本体基座	非出线端				
8	2 号润滑油 A/B 泵电机	驱动端					2 号润滑油 A/B 泵电机	自由端				
9	2 号定冷水 A/B 泵电机	驱动端					2 号定冷水 A/B 泵电机	自由端				
10	2 号定冷水 A/B 水泵	驱动端					2 号定冷水 A/B 水泵	自由端				
11	2 号转子水 A/B 泵电机	驱动端					2 号转子水 A/B 泵电机	自由端				
12	2 号转子水 A/B 水泵	驱动端					2 号转子水 A/B 水泵	自由端				
13	2 号机轴承	出线端					2 号机轴承	非出线端				
14	2 号机本体基座	出线端					2 号机本体基座	非出线端				
15	3 号润滑油 A/B 泵电机	驱动端					3 号润滑油 A/B 泵电机	自由端				
16	3 号定冷水 A/B 泵电机	驱动端					3 号定冷水 A/B 泵电机	自由端				
17	3 号定冷水 A/B 水泵	驱动端					3 号定冷水 A/B 水泵	自由端				
18	3 号转子水 A/B 泵电机	驱动端					3 号转子水 A/B 泵电机	自由端				
19	3 号转子水 A/B 水泵	驱动端					3 号转子水 A/B 水泵	自由端				
20	3 号机轴承	出线端					3 号机轴承	非出线端				

续表

序号	设备名称	轴承号	振动（mm/s）			温度	设备名称	轴承号	振动（mm）			温度
			水平	垂直	轴向				水平	垂直	轴向	
21	3 号机本体基座	出线端					3 号机本体基座	非出线端				
22	循环水 A 泵	驱动端					循环水 A 泵	自由端				
23	循环水 A 泵电机	驱动端					循环水 A 泵电机	自由端				
24	循环水 B 泵	驱动端					循环水 B 泵	自由端				
25	循环水 B 泵电机	驱动端					循环水 B 泵电机	自由端				
26	循环水 C 泵	驱动端					循环水 C 泵	自由端				
27	循环水 C 泵电机	驱动端					循环水 C 泵电机	自由端				
28	循环水 D 泵	驱动端					循环水 D 泵	自由端				
29	循环水 D 泵电机	驱动端					循环水 D 泵电机	自由端				
30	通风塔 A 风机电机	驱动端					通风塔 A 风机电机	自由端				
31	通风塔 B 风机电机	驱动端					通风塔 B 风机电机	自由端				
32	通风塔 C 风机电机	驱动端					通风塔 C 风机电机	自由端				
33	通风塔 D 风机电机	驱动端					通风塔 D 风机电机	自由端				

1.5.7 调相机各系统就地巡视参数记录表

调相机各系统就地巡视参数记录表见表 1－36～表 1－44。

表 1－36　　调相机本体巡视参数记录表

参数记录	数值	特殊及异常情况备注
调相机就地转速表	r/min	
出线端轴承回油温度表	℃	

续表

参数记录	数值	特殊及异常情况备注
出线端节流孔板前轴承进油压力表	$\times10^5$Pa	
出线端节流孔板后轴承进油压力表	$\times10^5$Pa	
非出线端轴承回油温度表	℃	
非出线端节流孔板前轴承进油压力表	$\times10^5$Pa	
非出线端节流孔板后轴承进油压力表	$\times10^5$Pa	
盘车进油压力表	MPa	
调相机温湿度差动检漏仪	%RH	
调相机数字高阻检漏仪	MΩ	
转子盘根冷却水漏水量	mL/min	

表 1-37　调相机定子冷却水系统巡视参数记录表

参数记录	数值	特殊及异常情况备注
定子冷却水箱就地磁翻板液位计（400～650mm）	mm	
定子冷却水泵出口母管压力表（>0.5MPa）	MPa	
定子冷却水泵出水温度	℃	
定子冷却器出水温度	℃	
离子交换器出水电导率表	μS/cm	
定子线圈进水 pH 值表		
定子加碱混合过滤器出口电导率表（1～3μS/cm）	μS/cm	
定子加碱装置碱液箱液位（>120mm）	mm	
定子水至加碱装置水流量	t/h	
离子交换器进水流量（>15m³/h）	m³/h	
定子冷却水泵轴承油杯油位		

表 1-38　调相机转子冷却水系统巡视参数记录表

参数记录	数值	特殊及异常情况备注
转子冷却水箱就地磁翻板液位计	mm	
转子冷却水泵出口压力表	MPa	

续表

参数记录	数值	特殊及异常情况备注
转子冷却水泵出水温度	℃	
转子水过滤器出水温度	℃	
转子线圈进水 pH 值表		
转子线圈进水电导率表	μS/cm	
转子冷却水至膜碱化装置流量	m^3/h	
转子冷却水至除盐水超滤产水箱流量	m^3/h	
转子膜碱化装置碱液箱液位	mm	
转子膜碱化装置进口电导率	μS/cm	
转子膜碱化装置进口 pH 值		
定子冷却水泵轴承油杯油位		

表 1-39　　调相机润滑油系统巡视参数记录表

参数记录	数值	特殊及异常情况备注
润滑集装装置油箱油位	mm	
润滑油泵出口母管油温	℃	
润滑油泵出口母管油压	MPa	
润滑油供油口油温	℃	
润滑油供油口油压	MPa	
润滑油集装油箱真空	－mbar	
润滑油箱油温	℃	
蓄能器氮气囊侧压力	MPa	
油净化装置真空	－bar	

注　1bar=0.1MPa。

表 1-40　　调相机升压变压器及 GIS 汇控柜巡视参数记录表

参数记录	数值	特殊及异常情况备注
1 号升压变压器油位		
1 号升压变压器绕组温度	℃	
1 号升压变压器油温	℃	

续表

参数记录	数值	特殊及异常情况备注
2 号升压变压器油位		
2 号升压变压器绕组温度	℃	
2 号升压变压器油温	℃	
3 号升压变压器油位		
3 号升压变压器绕组温度	℃	
3 号升压变压器油温	℃	
5661 开关 A 相油压	MPa	
5661 开关 B 相油压	MPa	
5661 开关 C 相油压	MPa	
5662 开关 A 相油压	MPa	
5662 开关 B 相油压	MPa	
5662 开关 C 相油压	MPa	
5645 开关 A 相油压	MPa	
5645 开关 B 相油压	MPa	
5645 开关 C 相油压	MPa	
5661 机构油位		
5662 机构油位		
5645 机构油位		
SF_6 气体压力		
SF_6 气体压力		
SF_6 气体压力		

表 1-41　调相机工作变压器、励磁变压器、SFC 隔离变压器、中性点接地变压器巡视参数记录表

参数记录	数值	特殊及异常情况备注
1 号调相机励磁变压器 A 相温度	℃	
1 号调相机励磁变压器 B 相温度	℃	
1 号调相机励磁变压器 C 相温度	℃	

续表

参数记录	数值	特殊及异常情况备注
2 号调相机励磁变压器 A 相温度	℃	
2 号调相机励磁变压器 B 相温度	℃	
2 号调相机励磁变压器 C 相温度	℃	
3 号调相机励磁变压器 A 相温度	℃	
3 号调相机励磁变压器 B 相温度	℃	
3 号调相机励磁变压器 C 相温度	℃	
调相机 14 号站用变压器 A 相温度	℃	
调相机 14 号站用变压器 B 相温度	℃	
调相机 14 号站用变压器 C 相温度	℃	
调相机 15 号站用变压器 A 相温度	℃	
调相机 15 号站用变压器 B 相温度	℃	
调相机 15 号站用变压器 C 相温度	℃	

表 1-42　调相机 110/220V 直流、UPS 及蓄电池室巡视参数记录表

参数记录	数值	特殊及异常情况备注
1 号 UPS 旁路屏输出电压表	V	
1 号 UPS 旁路屏输出电流表	A	
1 号 UPS 旁路屏输出频率表	Hz	
1 号 UPS 馈线屏 1 号 UPS 母线电压表	V	
1 号 UPS 馈线屏 1 号 UPS 母线电流表	A	
1 号 UPS 馈线屏 1 号 UPS 母线频率表	Hz	
2 号 UPS 馈线屏 2 号 UPS 母线电压表	V	
2 号 UPS 馈线屏 2 号 UPS 母线电流表	A	
2 号 UPS 馈线屏 2 号 UPS 母线频率表	Hz	
2 号 UPS 旁路屏输出电压表	V	
2 号 UPS 旁路屏输出电流表	A	
2 号 UPS 旁路屏输出频率表	Hz	
220V 直流充电屏 充电机输出电压表	V	

续表

参数记录	数值	特殊及异常情况备注
220V 直流充电屏　充电机输出电流表	A	
220V 备用直流充电屏　充电机输出电压表	V	
220V 备用直流充电屏　充电机输出电流表	A	
220V 直流联络屏　直流母线电压表	V	
220V 直流联络屏　蓄电池电压表	V	
220V 直流联络屏　蓄电池电流表	A	
110V A 段直流充电屏充电机输出电压	V	
110V A 段直流充电屏充电机输出电流	A	
110V B 段直流充电屏充电机输出电压	V	
110V B 段直流充电屏充电机输出电流	A	
110V　直流联络屏　A 段直流母线电压	V	
110V　直流联络屏　B 段直流母线电压	V	
110V　直流联络屏　A 段蓄电池电压表	V	
110V　直流联络屏　A 段蓄电池电流表	A	
110V　直流联络屏　B 段蓄电池电压表	V	
110V　直流联络屏　B 段蓄电池电流表	A	

表 1-43　　调相机外冷水系统巡视参数记录表

参数记录	数值	特殊及异常情况备注
循环水缓冲水池液位 1	mm	
循环水缓冲水池液位 2	mm	
1 号循环水泵出口压力表	MPa	
2 号循环水泵出口压力表	MPa	
3 号循环水泵出口压力表	MPa	
4 号循环水泵出口压力表	MPa	
1 号回水母管电导率	μS/cm	
2 号回水母管电导率	μS/cm	
1 号回水母管流量	t/h	

续表

参数记录	数值	特殊及异常情况备注
1 号回水母管流量	t/h	
1 号机电动滤水器入口压力表	MPa	
1 号机电动滤水器出口压力表	MPa	
1 号机空气冷却器回水流量	t/h	
1 号机润滑油冷却器回水流量	t/h	
1 号机定子冷却器回水流量	t/h	
1 号机转子冷却器回水流量	t/h	

表 1-44　　调相机除盐水系统巡视参数记录表

记录参数	数值	标准	特殊及异常情况备注
1 号 EDI 进水压力表	MPa	≥0.31MPa	
2 号 EDI 进水压力表	MPa	≥0.31MPa	
1 号 EDI 出水压力	MPa	1 号 EDI 出水压力－1 号 EDI 浓水进压力≥0.035MPa	
1 号 EDI 浓水进压力	MPa		
2 号 EDI 出水压力	MPa	2 号 EDI 出水压力－2 号 EDI 浓水进压力≥0.035MPa	
2 号 EDI 浓水进压力	MPa		
1 号 EDI 浓水出流量	l/h	300～500L/h	
1 号 EDI 极水出流量	l/h	80～100L/h	
2 号 EDI 浓水出流量	l/h	300～500L/h	
2 号 EDI 极水出流量	l/h	80～100L/h	
EDI 产水流量	t/h	1.7～4.5t/h	
1 号 EDI 产水流量	l/h		
2 号 EDI 产水流量	l/h		
1 号 EDI 装置电流		2.5～3A（最大 5A）	
1 号 EDI 装置电压			
2 号 EDI 装置电流		2.5～3A（最大 5A）	
2 号 EDI 装置电压			

续表

记录参数	数值	标准	特殊及异常情况备注
超滤进水温度表	℃	≤40℃	
超滤保安过滤器进水压力	MPa	超滤进出水压差≤0.1MPa（0.05～0.1MPa）	
超滤保安过滤器出水压力	MPa		
一级 RO 进水 ORP 表	mV	≤200mV（100～150mV）	
EDI 保安过滤器进水压力	MPa	EDI 进出水压差≤0.1MPa（0.05～0.1MPa）	
EDI 保安过滤器出水压力	MPa		
一级一段进水压力	MPa		
一级二段进水压力	MPa		
一级浓水压力	MPa		
一级产水压力	MPa		
二级进水压力	MPa		
二级二段进水压力	MPa		
二级浓水压力	MPa		
二级产水压力	MPa		

1.6 特殊巡视

1.6.1 大雾天气

大雾天气巡视项目见表 1－45。

表 1－45　　大雾天气巡视项目

序号	巡视项目
1	每 3 小时巡视各设备放电情况，尤其注意套管及绝缘部分是否有污闪和放电现象
2	每 6 小时查询一次天气情况

1.6.2 暴风雨天气

暴风雨天气巡视项目见表 1－46。

表 1－46　　暴风雨天气巡视项目

序号	巡视项目
1	暴风雨来临前，巡视全站室外所有控制柜、端子箱、操作机构箱等的柜（箱）门
2	暴风雨来临前，检查站内不牢固物体的固定情况，必要时予以加固
3	暴风雨来临后，对主厂房、备品库、继电器室等建筑物的漏雨、进水、门窗损坏情况进行检查
4	暴风雨过后，重点巡视控制柜、端子箱、操作机构箱等，检查是否进水受潮；检查完毕，关闭柜门
5	暴风雨过后，检查站外护坡情况，有无塌方现象
6	暴风雨过后，检查站内设备、导线及构支架上有无杂物

1.6.3 迎峰度夏期间

迎峰度夏期间巡视项目见表 1－47。

表 1－47　　迎峰度夏期间巡视项目

序号	巡视项目
1	每天巡视两次保护设备室空调通风系统运行情况，记录温度和湿度
2	每天巡视两次变压器、水冷设备、站用电设备运行状态，确保运行正常
3	每周进行 1 次全站一次设备红外测温

1.6.4 带病运行（接头过热、渗油、温度高等）

带病运行（接头过热、渗油、温度高等）巡视项目见表 1－48。

表 1－48　　带病运行（接头过热、渗油、温度高等）巡视项目

序号	巡视项目
1	密切关注缺陷部位，并制定具体的监视措施，报生产部备案
2	运行人员严格按照监视措施及时进行设备巡视，当出现扩大趋势时及时汇报

1.6.5 新设备（含解体大修设备）投运

新设备（含解体大修设备）投运巡视项目见表 1-49。

表 1-49 新设备（含解体大修设备）投运巡视项目

序号	巡视项目
1	巡视设备声音是否正常，是否存在渗漏、发热现象，有关设备的各项指标是否在正常范围内
2	针对具体设备制定具体的监视措施，报生产部备案
3	运行人员严格按照监视措施及时进行设备检查，当出现异常时及时汇报

1.6.6 设备大修后检查

设备大修后巡视项目见表 1-50。

表 1-50 设备大修后巡视项目

序号	巡视项目
1	检查设备声音是否正常，是否存在渗漏、发热现象，有关设备的各项指标是否在正常范围内
2	检查相关二次盘柜有无异常放电声响
3	检查设备的各个部件是否运行良好

2 重要设备巡视要点

2.1 调相机本体

2.1.1 设备概况

1. 定子机座

定子机座由钢板焊接而成，采用上下哈夫机座结构，定子出线为上出线结构，空气冷却器安装在下机座两侧的冷却器支座上。定子铁芯由 6 个环笼固定（3 个双环+3 个单环），通过与弹簧板焊接固定到机座上。定子机座由底脚板通过地脚螺栓牢固地固定在调相机基础上。

上机座采用外罩形式，便于检修。上下机座的接合面采用简易的槽钢、密封圈结构密封，并在轴向和径向位置布置多个定位块，从而实现上下机座的连接定位和密封。

定子机座和定子铁芯采用两侧卧式弹簧板隔振连接结构。两块长条形的弹簧板沿轴向布置于下机座左右两侧。定子铁芯的三档单环夹紧环左右两侧水平中心线位置各焊接一块弹簧板支架，弹簧板支架上的 U 形开口位置正好与下机座上的弹簧板相对应。将铁芯放入下机座使弹簧板支架 U 形槽与弹簧板接触，铁芯与机座完成对中后再将弹簧板支架与弹簧板焊接在一起，使下机座与铁芯连成一体。

2. 定子铁芯

定子铁芯由具有低损耗的绝缘硅钢片叠压而成，径向由 4 个双环和 3 个单环的夹紧环收紧。轴向采用对地绝缘的反磁穿心螺杆和支持筋螺杆，通过两端的内倾式齿压板、压圈，并用紧固螺母拧紧收紧。

压圈采用锻铝材质，还可以作为电屏蔽之用，对铁芯端部区域进行屏蔽，使其免受杂散磁场的影响。

3. 定子绕组

水内冷的定子线圈是由实心股线和空心导线交叉组成，空实心铜线之比为 1:4，均包有涤纶丝玻璃丝烧结绝缘层。上、下层线圈的导电截面积一致，由 2 排、每排 3 组空实股线组成，可明显地降低线圈附加损耗。槽内股线间进行了 540° 罗贝尔换位，起到减少绕组附加损耗的作用。

线圈的空实心股线均用中频加热钎焊在两端的接头水盒内，而钎焊在水盒上的球形接头则焊有反磁不锈钢水接头，用作冷却水进出线圈内水支路的接口。套在线圈上或总水管上水接头的成型绝缘引水管，都用卡箍将其与水接头箍紧。上、下层线圈以及相线圈与并联环的电联接由连接铜排夹紧球形接头而成，形成上、下层线圈以及与并联环的水电联接结构。水电接头的绝缘采用模压绝缘盒作外套，盒内塞满绝缘填料，以保证水电接头的绝缘强度，同时防止异物进入绝缘盒内。

定子绕组为 60°相带、三相、双层绕组，双支路并联、Y 连接。定子线圈对地绝缘为 F 级环氧云母带连续绝缘 B 级，可以确保使用寿命。

4. 定子出线和出线盒

三相绕组的出线端子、中性出线端子通过出线套管从定子机座中引出机座外。测量和继电保护用电流互感器为套管式结构，安装在定子机座外的出线套管上。出线套管采用直接气体冷却结构，由出线盒外侧带有连接法兰的空心铜管和出线盒内侧圆柱形连接法兰组成，两侧连接法兰均镀银，以减小螺栓连接的接触电阻。出线套管由一个环氧树脂筒进行绝缘。绝缘和空心铜管采用 O 形圈相互密封。套管的安装法兰位于绝缘筒之上并黏结固定。此外，安装法兰与绝缘筒之间采用环形密封。出线套管中铜管产生的热耗直接由流过导体表面的冷却气体带走。流经励端的冷空气，经导气管引入出线套管。气体从下部的连接法兰进入空心铜管，反向流经空心铜管和绝缘筒之间后，再通过底部的风孔排出出线套管。

出线盒为长方形结构，由反磁不锈钢板拼焊而成，具有足够的刚度，可安全地支撑着定子出线瓷套管及套装在瓷套管外的电流互感器。不锈钢板为反磁性，故大大减少了主出线导电杆上大电流在其周围的钢板上所产生的涡流损耗。

5. 外端盖

外端盖采用气封的形式来对机座内部进行密封。外端盖装配主要由两部分组成：一部分是与机座外壁支架连接的外端盖；一部分是连接在外端盖上的气密封盖。

其中，外端盖采用三拼结构，由钢板焊接而成。采用三拼结构的优点是：在发电机大修时，只需拆除上面两块1/3外端盖，正下方的1/3外端盖无需拆除，且有利于哈夫面螺栓的安装。外端盖的定位利用了其下方对称布置的调节螺栓。外端盖与转轴之间装有气密封盖，外端盖上布置有调节螺栓用于调整气密封盖的安装位置。

气密封盖具有以下特点：① 在气密封盖外表面上焊接通风管接头，与通风槽相通；② 气密封盖与转子之间采用多层挡风板进行密封；③ 从机座内引出一路高压风与气密封盖上通风管接头相连，对机座内部进行气封，防止杂物进入。

6. 挡风盖

挡风盖装配主要由两部分组成：一部分是与机座外壁连接的内端盖，一部分是连接在外端盖上的导风圈。

其中，内端盖采用三拼结构，由铝合金铸造而成。内端盖的定位利用了机座上其下方对称布置的调节螺栓。内端盖与转轴之间装有导风圈，内端盖上布置有调节垫块用于固定导风圈的安装位置。

导风圈采用四拼结构，由铝合金铸造而成。导风圈通过螺栓连接和内端盖固定。导风圈是构成发电机通风冷却系统的重要结构，转子风扇在导风圈内高速旋转，产生气压差，形成冷却风路。

7. 转轴

调相机转轴由高机械性能和导磁性能好的合金钢锻造而成，能够承受调相机运行中转子的离心力所产生的巨大机械应力。

在转轴本体外的出线端轴伸端，轴中心孔内装有转子进水连接管，管子是用不锈钢管外面加焊搭子而做成。管子通过搭子固定在中心孔内壁。

在转子轴伸端，近本体处，沿周向开有用于固定不锈钢引水拐角的槽；出线端还开有用于安装引线的引线槽。

转轴本体大齿上沿轴向均匀开有横向36个月亮槽，以均匀转轴上两个轴线的刚度，从而降低转子的倍频振动。调相机转子每个大齿上开有 4 个阻尼槽，使转子大齿表面感应的涡流沿着导电率较高的阻尼槽楔上流过，消除横向槽尖角处的热点，提高调相机承受负序电流的能力。

8. 转子槽楔

转子槽楔有铝合金槽楔和铜合金槽楔两种，兼起阻尼绕组的作用。槽楔一直延伸到护环下面，护环兼起了阻尼绕组的短路环作用，中间为铝合金槽楔，两端为铜合金槽楔。另外，在磁极表面设有放置阻尼槽楔的阻尼槽。

9. 进出水箱

进出水箱由不锈钢锻造加工而成，热套在转轴上，它是转子进出水汇集及分流出去的地方。进水箱布置在转轴的出线端，它与转轴之间通水水路间的密封是靠薄壁铜衬管涨紧，进水箱端面盖板可以拆卸，以便进水箱内部清洗，盖板与水箱间是依靠环形橡胶密封圈来密封。

出水箱热套在转轴的非出线端，在水箱的两个侧面开有相应许多螺孔，一端与转子绝缘水管相连后接至线圈水接头上，另一端螺孔则用来出水，水被甩出后汇集至静止的出水支座内再进行热交换往复循环，出水箱上的出水螺孔在转子泵水压时，可塞入闷头作为密封用。

10. 转子绕组

转子绕组由嵌入转子本体轴向槽中（共32个槽）的多个线圈组成，线圈围绕磁极嵌入，组成两极。每个槽内有大、小号两组线圈组成，大、小号线圈采用串联结构。线圈整体串联，构成两极。

11. 轴承与轴承座

调相机非出线端、出线端各装有一个座式轴承，轴瓦采用稳定性较好的椭圆瓦，并配有高压顶轴油模块，能够在启停机时顶起转子，减少摩擦阻力。为满足本型调相机对转子轴向自由窜动的限位要求，在轴承结构设计中，非出线端采用径向推力轴承，出线端采用径向轴承。

座式轴承主要由端盖、轴承座、轴瓦、球面座以及高压顶轴油模块等零部件组成，并配有座振、轴振测量接口以及瓦温、油温测量元件。座式轴承进、出油接口为双侧布置，现场可根据油管路情况任选一侧接入，另一侧用盖板封好。高压顶轴油阀块的安装也可以根据现场实际需要任选一侧安装。

12. 出水支座

调相机运行时，转子线圈内的冷却水经出水箱甩出至出水支座，出水支座回收后，经排水孔回到水系统循环利用。

出水支座的结构包括支座本体、两侧盖板及本体与盖板间密封圈，本体内衬不锈钢板可防锈蚀。盖板为铸铝件，用于密封转子出水。密封圈为橡胶件，每次拆装后需要换新。

13. 调相机外罩

调相机外部采用外罩结构，该结构由三部分组成，即出线端隔声罩、本体外罩和非出线端隔声罩。外罩与定子机座之间、外罩与基础之间具有良好的密封性，由吸声材料吸声，钢板隔声，以达到降低噪声的目的。

其中，出线端和非出线端的隔声罩主要起降噪作用，本体外罩具有两个非常重要的作用：一是形成定子风路，经冷却器冷却出来的冷风进入外罩内部空间，根据通风设计将流向出线端和非出线端的风扇入口；二是隔声降噪，以满足调相机站现场对调相机噪声限制的要求。

外罩为全模块拼装结构，螺栓连接，可重复拆装。模块与地面之间采用橡胶来密封。本体外罩顶部开有补风口，并设置补风消声器；出线端和非出线端隔声罩开有排风口和进风口，并相应设置消声器；出线端和非出线端隔声罩顶部布置静音排风扇，保证隔声罩内的温度不高于外部环境温度。

调相机外罩每侧墙上均装有门，密封性能良好。门由调相机外罩内向外开启，门上无视察窗，每扇门均安装无需钥匙的压紧式门锁，铰链为隐藏式，内外均装有把手，门与门框之间密封良好。本体外罩 4 扇门上均贴有警示标识："机组运行时禁止入内"。外罩内装设防爆式照明灯，便于检查维护调相机。

本体外罩上预留有出线盒出口，并设有支撑离相封闭母线用的支撑筋。

调相机本体设备概况见表 2-1。

表 2-1　　调相机本体设备概况

名称	型号	数量	图片
盘车	KY-PG-3	3	
空气冷却器	KEWQ850-B/A	6	

续表

名称	型号	数量	图片
出水支座	Z－1307B0300D30L005	3	
出线端电流互感器	LRGB4－20QFT4	72	
隔音罩离心风机电机	JX5612	6	

2.1.2 巡视要点

调相机本体巡视要点见表2－2。

表2－2　　　　　　　　　　　调相机本体巡视要点

设备	图片	要点
调相机		调相机无异声、异味、明显振动，轴振＜260μm
调相机定子绕组		调相机定子绕组温度、冷热风温度正常，定子绕组无电晕现象。调相机定子本体段铁芯齿部、轭部温度＜120℃，调相机出线端铁芯齿部、轭部温度＜120℃，调相机非出线端铁芯齿部、轭部温度＜120℃

续表

设备	图片	要点
调相机引出线及中性点连接处		检查调相机引出线及中性点连接处、轴承处是否发热，各套管、绝缘子是否清洁，有无裂纹、放电现象
漏液检测器		检查漏液检测器视窗，判断有无漏液
转子及绕组		（1）检查转子有无漏水 （2）检查转子轴振是否正常，轴振＜250μm

续表

设备	图片	要点
盘车装置	 盘车电机 盘车操作手柄 盘车本体	检查盘车装置有无异声、有无渗漏油
本体防护罩		检查本体防护罩有无破损、开裂
接地碳刷	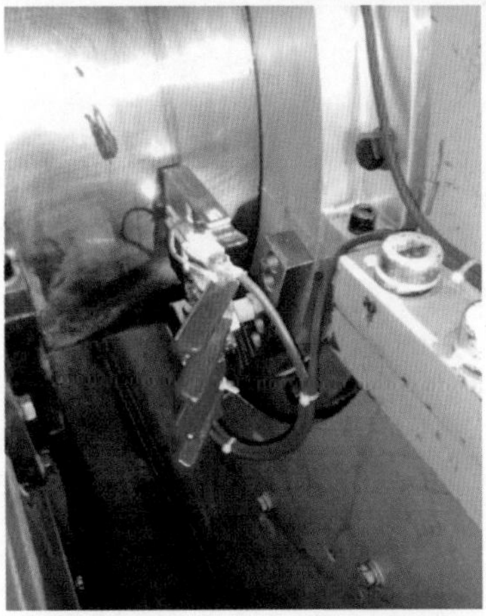	检查接地碳刷的有效长度是否合理，接地碳刷与大轴之间是否有油膜妨碍接地效果

续表

设备	图片	要点
集电环		正常运行巡视时，用热像仪检测滑环和碳刷的温度，若有超出须及时维护消除，整体外观检查 （1）检查碳刷有无火花情况 （2）检查碳刷有无跳动、摇动的现象 （3）检查碳刷辫连接是否有松动，碳刷辫是否有被拉紧现象 （4）检查碳刷是否需要更换，当碳刷磨损至预设位置时综合监测装置报警，或碳刷磨损至原长度 2/3 时，须及时更换碳刷 （5）检查磁极引线绑绳有无松动和脱落，若有及时反馈并尽快停机处理
本体附属油、水管道		（1）检查顶轴油管道及阀门有无渗漏，顶轴油压力指示是否在正常范围内 （2）检查润滑油进、回油管道有无渗漏，进油压力表、回油温度表指示是否在正常范围内 （3）检查排油烟管道有无渗漏 （4）检查转子水盘根漏水量是否在正常范围内 （5）检查转子水进水管道有无异常渗漏，检查转子回水甩水盒及管道有无渗漏
高阻检漏仪和湿度差动检漏仪	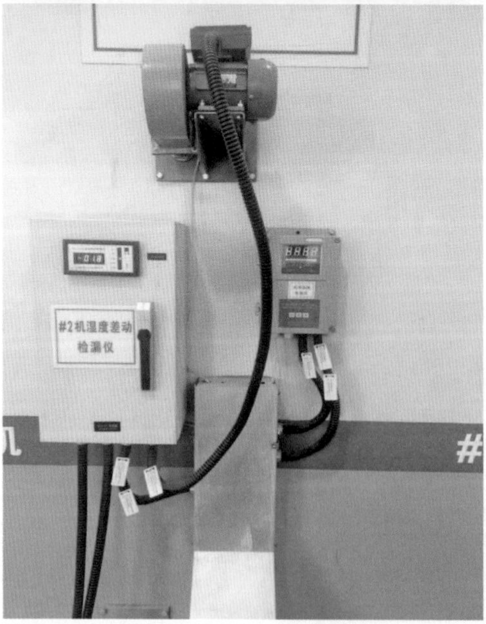	（1）检查湿度差动检漏仪有无报警，湿度差值是否正常，差动检漏仪风机有无异常声音，电机有无异常温升 （2）检查高阻检漏仪显示值是否正常

2.1.3 应急要点

调相机本体应急要点见表 2-3。

表 2-3　　调相机本体应急要点

现象	图例	应急要点
定子绕组温度不一致、负载不平衡	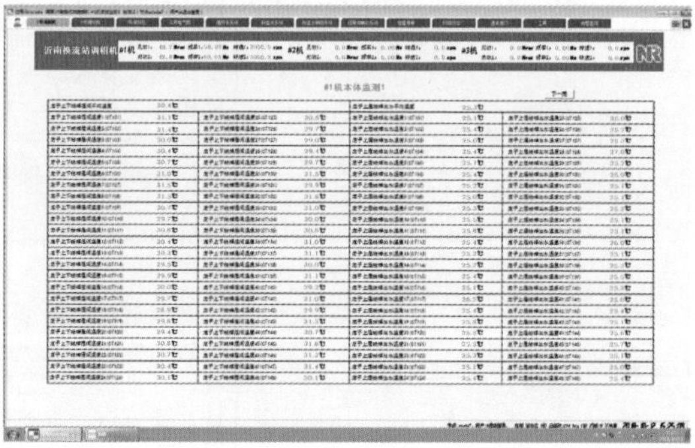	（1）当定子三相电流相同，而定子槽内的温度显示不同时，应该检查埋入的电阻测温计（RTD）。调相机停机且无励磁时，才能进行此项检查 （2）检查包括电阻测量、元件引线测试、测点切换开关及指示器的检查。在测量埋入电阻测温计（RTD）的电阻时，应注意不能使其受热，以免数据不准确。很多情况下，通过重新校正电阻测温计（RTD）可排除故障 （3）当电阻测温元件指示线圈温度过高或温差大于规定值，一般可能是由于线圈水路局部不畅而造成过热所致，其原因可能是绝缘引水管弯瘪或空心铜线内杂质堵塞，此时应加强监视并考虑停机时分支路冲洗，必要时进行酸洗，并复验电阻测温元件阻值 （4）由于特殊的系统条件，调相机带不平衡负荷运行，必须注意不能超过允许的连续不平衡负荷。不平衡负荷是负序电流与额定电流之比 （5）任何一相的定子电流不能超过允许的额定电流。当不平衡负载高于连续允许不平衡负荷时，应采取措施使系统负载均匀。如果不能使三相的负荷更均匀一些，调相机应解列

续表

现象	图例	应急要点
转子轴振过大	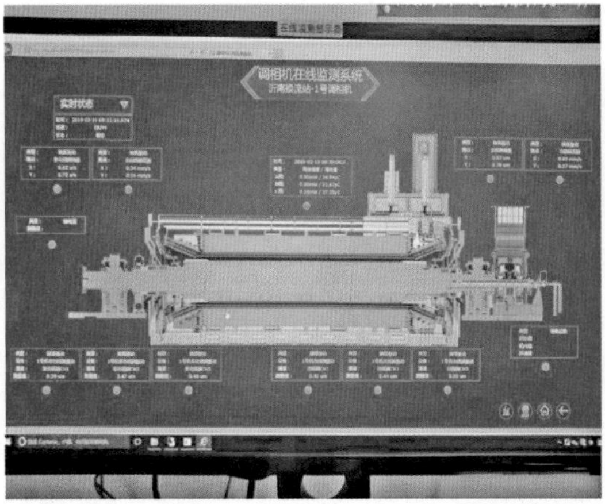	（1）该信号是由故障感应器触发的，该信号表明由于多种因素共同作用，转轴在机械上产生了不平衡。这些因素包括电气短路、转子接地、局部温升过高、重量不平衡、线圈膨胀不畅、轴承表面或支撑面磨损。有时，剧烈振动是由“油膜振荡”造成的，这也许是由于内部油过于黏稠。这一情况可以通过确保进油温度不低于 27℃（80℉）来逐步改善 （2）除由于进油低温造成的“油膜振荡”以外，其他情况均不能通过操作进行改善。所以，一旦故障发生，需尽快安排维护检修 （3）通常，造成转子轴振过大的原因是电气短路、局部温升过高，该振动会受励磁电流的影响，可通过调整励磁电流来判断，调整范围大约在额定励磁电流的±10%。如果确认是励磁电流对振动产生了影响，可以调整励磁电流以使电机在安全范围内运行，等待时机进行维护检修 （4）如果振动不随励磁电流的变化而变化，该振动很可能是由机械原因引起的。此时，需要对振动水平进行监测，同时联系生产厂家安排售后服务来改善运行状况
转子接地	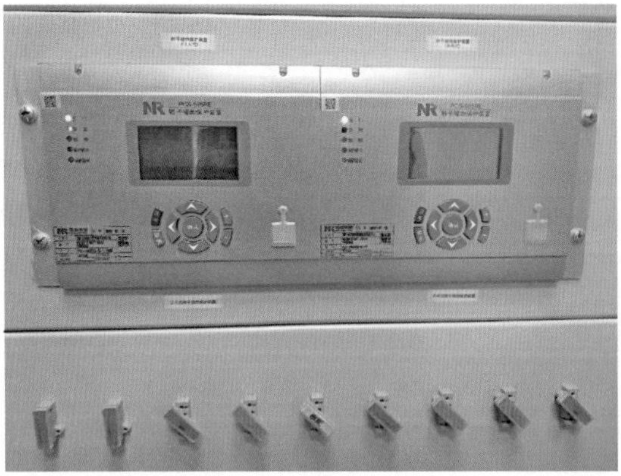	利用调相机转子一点接地保护装置来监测励磁绕组对地绝缘情况，一旦监测到励磁绕组绝缘接地，建议进行故障检修。更换绝缘材料，以避免二次接地的损害 （1）转子接地故障监测仪监测的是一个置于转子绕组与转子轴之间的电阻。如果该电阻的阻值降至预设值以下，则说明转子接地故障发生，触发警报 （2）由于转子是一个不接地系统，因此初次转子接地故障并不至于引起高度重视，但是该接地故障的发生加大了第二次接地故障发生的可能性，二次接地故障则很可能导致对电机的严重损害 （3）当转子接地故障发生时，整个机组须停机，同时须联系生产厂家对转子进行检测

续表

现象	图例	应急要点
调相机漏水		（1）当检漏计发出警报信号或发现水迹时，应确定是否有漏水情况 （2）若漏水情况确定但不严重，当机组负荷不允许立即停机时，可适当降低进水压力，减少机组负荷，待漏水消除后，仍可短期投入运行，待负荷许可，再停机检查 （3）若降压后漏水现象仍未消除，整个机组须停机，同时须联系生产厂家对转子进行检查
出水支座漏水	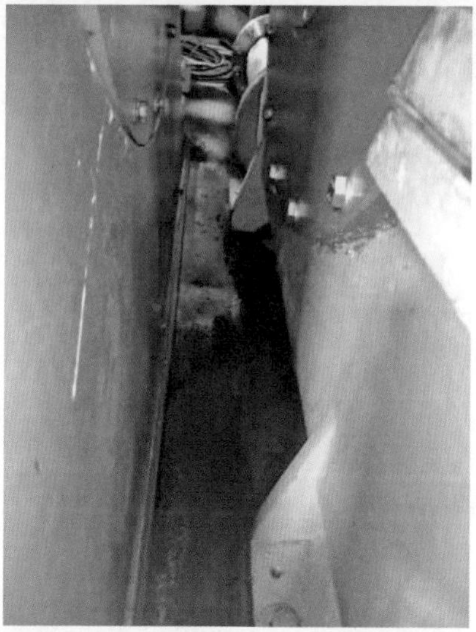	（1）检查密封齿与转轴间隙，如果超差则调整齿与转轴之间的间隙 （2）检查出水支座挡板与转子泄水槽的相对位置是否对齐，如有偏差则需调整 （3）检查平台上出水支座出口段管路斜度是否满足坡度 3%的要求，如不满足则需调整 （4）检查回水箱放气阀是否打开，运行时需确保其打开
轴承温度异常	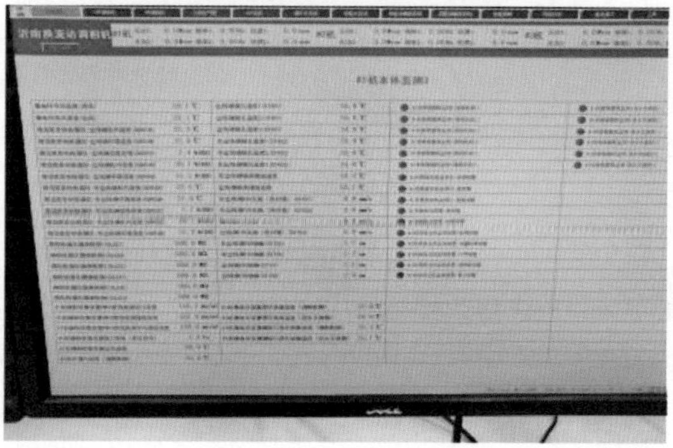	（1）检查进油温度，进油压力是否符合要求 （2）检查管道油路是否畅通，有无堵塞等 （3）检查轴承载荷有无异常，轴系标高有无异常，基础有无沉降等 （4）检查油质 （5）轴瓦温度持续升高并达到报警值，应密切关注 （6）达到跳机值停机检查

续表

现象	图例	应急要点
高压顶轴油管的油压下降		（1）检查油温有无异常，油温＜55℃。 （2）检查单向阀、节流阀管道有无泄漏等异常情况 （3）检查母管压力（＞12MPa）、母管管道、节流孔板等
励磁电压、电流异常波动	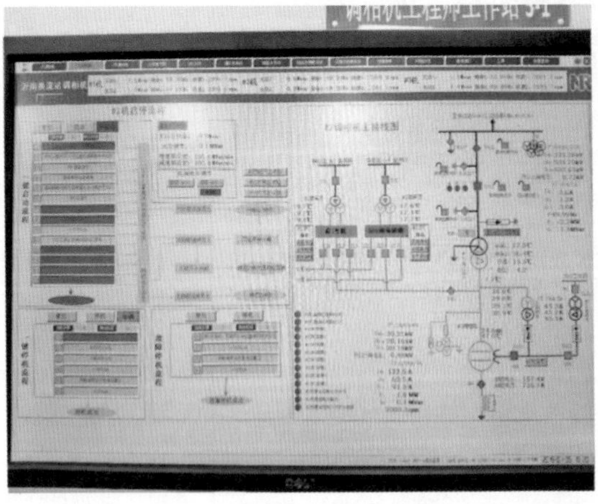	检查滑环、碳刷的运行状况有无异常（较大火花、剧烈火花等），若发现异常须降负荷或停机

续表

现象	图例	应急要点
集电环异常	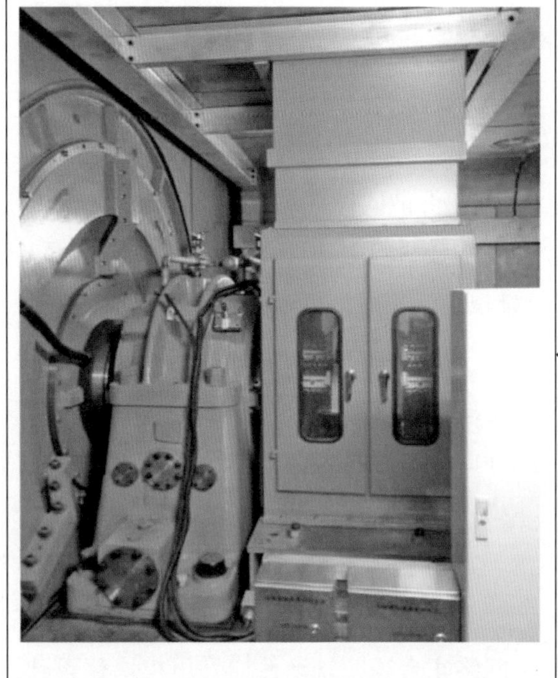	（1）在停机时，检查滑环表面的光洁度、跳动，不得超过规定值，否则须进行车削打磨处理，检查碳刷在刷握内能否上下自如的活动，更换跳动和卡涩的碳刷若不能消除可取消该碳刷，待停机后检查或更换 （2）检查碳刷型号，必须使用原装正品碳刷用弹簧秤检查恒压弹簧压力，并进行调整恒压弹簧压力须满足要求且压力均匀，最大与最小的差别不得超过 10% （3）碳刷使用较短时，须特别注意刷辫不能限制碳刷运动若出现此情况，必须更换碳刷或调整刷辫一般使用不要超过碳刷长度2/3，或碳刷刻度线用直流钳形电流表检测每个碳刷电流，对电流过大、过小的碳刷须拔出刷握检查碳刷接触面、活动自由度及恒压弹簧压力、位置，使碳刷接触面良好、自由活动、压力均匀、位置对准滑环圆周的法线方向，必要时更换碳刷检查连接处的接触程度，设法紧固检查外罩进风滤网有无堵塞 （4）检查并消除检查滑环表面，进行清理、吹扫，若有异物附着，查明原因并彻底处理
转子一点接地报警		检查滑环、碳刷的运行状况有无异常（较大火花、剧烈火花等），若发现异常须降负荷或停机

2.2 DCS

2.2.1 设备概况

1. 装置与网络概述

（1）装置分类与功能。调相机分散式控制系统（Distributed Control System，DCS）主要实现调相机组控制，完成机组主辅机系统、励磁、SFC 及其他电气设备的检测、控制、报警、联锁保护、诊断、机组启/停、正常运行操作、事故处理和操作指导等功能。

以沂南站配置的南京南瑞继保电气有限公司的 PCS－9150 控制系统为例进行说明，现场包括 25 套 DPU 控制屏柜及 10 台后台工作站（包括 2 套工程师工作站），现场 DPU 控制屏柜由 PCS－9150 控制器及 I/O 单元组成。PCS－9150A 控制器是 PCS－9150 控制系统中负责数据集中处理、逻辑运算以及指令响应的控制单元，采用全冗余设计，包括控制器冗余、供电冗余、I/O 网络冗余、监控后台及网络冗余等；软硬件均采用模块化设计，灵活可配置，具有插件、软件模块通用，易扩展、易维护的特点；支持 IEC 61850 通信协议。

PCS－9150 I/O 单元是与 PCS－9150 控制器配套的信号输入输出单元。I/O 单元采用嵌入安装方式，固定在机柜上。控制器通过 IOLINK 插件与 PCS－9150 I/O 单元进行双向实时通信。PCS－9150 I/O 单元由 I/O 机箱、电源插件、总线接口插件、I/O 插件组成，插件间通过机箱背板总线进行双向实时通信。I/O 单元根据可插 I/O 插件的槽位数量分为 PCS－9150B－H3 和 PCS－9150C－H3 两个型号。

（2）网络架构。本系统网络的拓扑结构为星形网络，整个网络结构通过数据交换机将就地各 DPU 装置和 DCS 监控后台联系起来。每台机 DPU 装置及公用系统 DPU 装置通过百兆网线或光缆连接到各自网络交换机，通过网络交换机将数据信息上传到调相机网络，从而实现各 DPU 装置及监控后台的数据共享。

计算机监控后台通过调相机网络调取网上数据信息进行实时监控。调相机 DCS 网络架构图如图 2-1 所示。

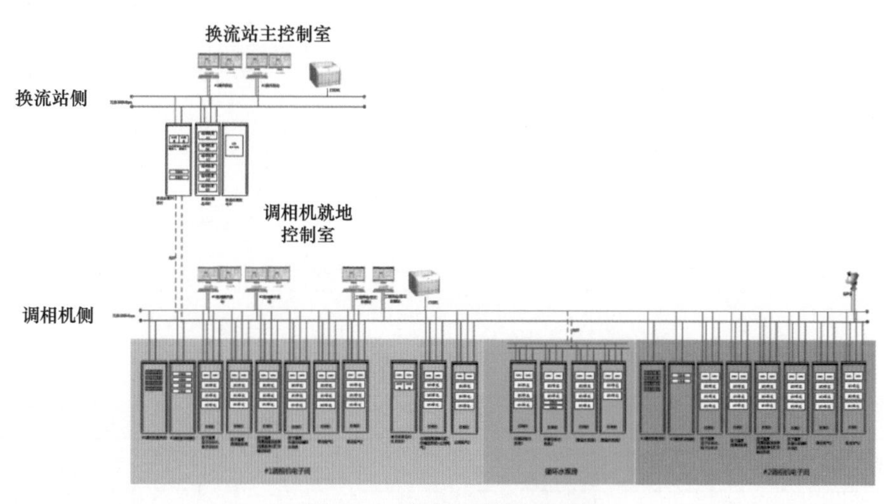

图 2-1 DCS 网络架构图

2. 技术规范及说明

（1）控制主机装置说明。PCS-9150A-H3 控制器前后面板、控制面板指示灯、卡槽及接口说明见图 2-2、图 2-3 和表 2-4～表 2-6。

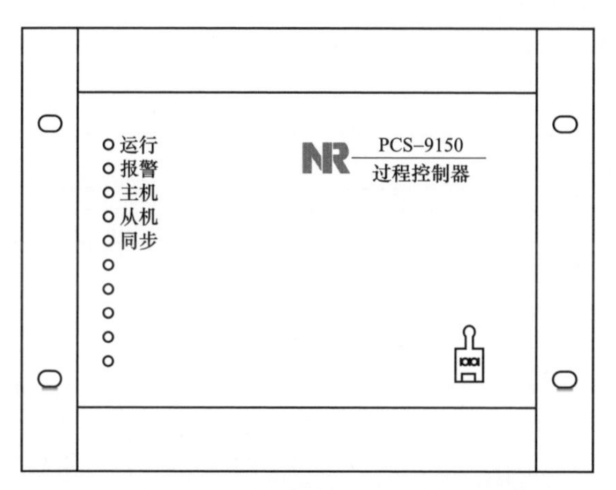

图 2-2 PCS-9150A-H3 控制器前面板

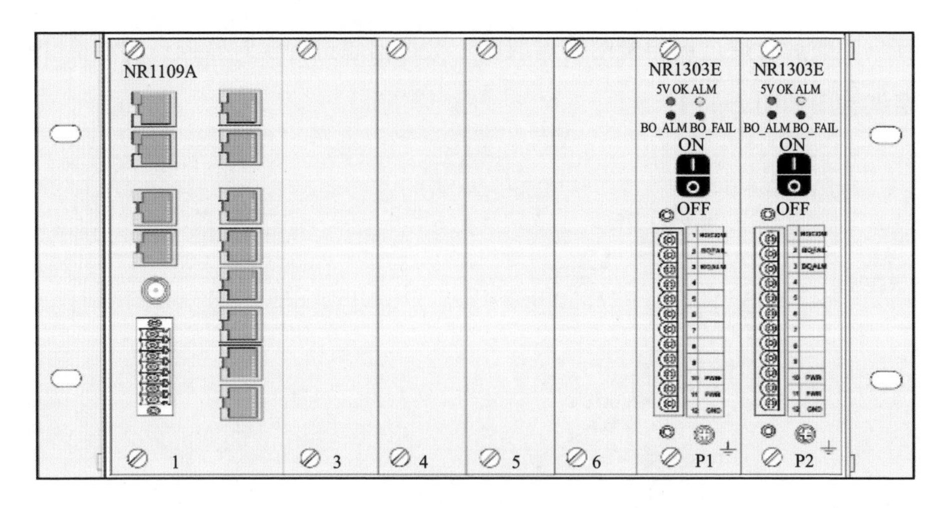

图2-3　PCS-9150A-H3控制器后面板

表2-4　控制器面板指示灯说明

序号	指示灯	状态	说明
1	运行	熄灭	控制器未上电或正常运行时检测到控制器的严重故障时熄灭
		绿灯常亮	控制器正常运行时点亮
2	报警	熄灭	控制器正常运行时熄灭
		黄色常亮	控制器检测到运行异常状态时点亮
3	主机	熄灭	不处于主机运行状态
		绿色常亮	处于主机运行状态
4	从机	熄灭	不处于从机运行状态
		橙色常亮	处于从机运行状态
5	同步	熄灭	不处于同步状态
		绿色闪烁	处于主从同步过程中
		绿色常亮	处于同步已经建立状态

表2-5　卡　槽　说　明

槽号	功能类型	插件型号	说明
插槽1	HMI/DSP/IOLINK	NR1109A/B	负责与后台和其他控制器通信、逻辑算法运算以及对下I/O接口的插件
插槽P1/P2	PWR	NR1303E	负责控制器供电的电源插件，采用冗余方式配置

表2-6　　　　　　　　　接　口　说　明

功能类型	接口类型	数量	说明
HMI DSP IOLINK	RJ 45 以太网接口（NR1109A）	12	负责与后台和其他控制器通信
	RS－232 串口+RJ 45 以太网接口	1	用于对控制器进行初始参数设置及调试
	介质可选以太网口（NR1109B）	12	用于连接 I/O 单元或者其他控制设备
	RS485 接口	1	用于 B 码或 TTL 对时
	FC 多模光口	1	用于 B 码对时

（2）I/O 单元装置说明。PCS－9150B－H3 I/O 单元前后面板及卡槽说明见图 2－4、图 2－5 和表 2－7。

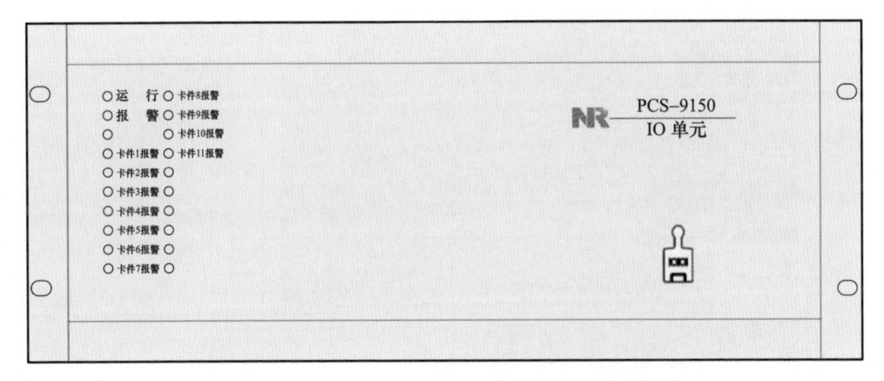

图 2－4　PCS－9150B－H3 I/O 单元前面板

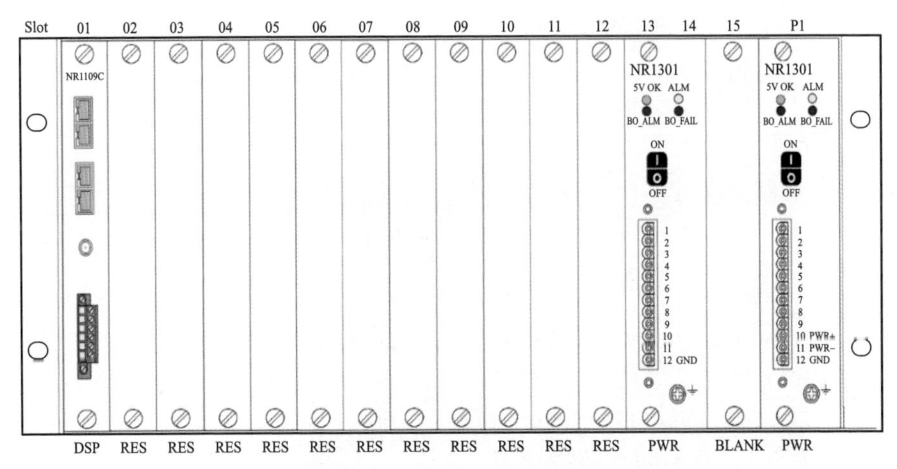

图 2－5　PCS－9150B－H3 I/O 单元后面板

表 2-7　　卡 槽 说 明

槽号	功能类型	插件型号	说明
插槽 1	IOLINK	NR1109C/D	负责对控制器 IOLINK 的通信
插槽 2～12	IO		各类型的输入、输出信号处理
插槽 13/P1	PWR	NR1301T	负责控制器供电的电源插件、采用冗余方式配置

2.2.2　巡视要点

（1）屏柜巡视要点见表 2-8。

表 2-8　　屏 柜 巡 视 要 点

设备	图片	要点
DPU 控制装置		（1）运行灯点亮 （2）报警灯熄灭 （3）同步灯点亮 （4）（主控制器）主机灯点亮，从机灯熄灭 （5）（从控制器）从机灯点亮，主机灯熄灭 （6）观察主从控制器有无切换
I/O 单元装置		（1）运行灯点亮 （2）报警灯熄灭 （3）卡件报警灯熄灭
屏柜背面	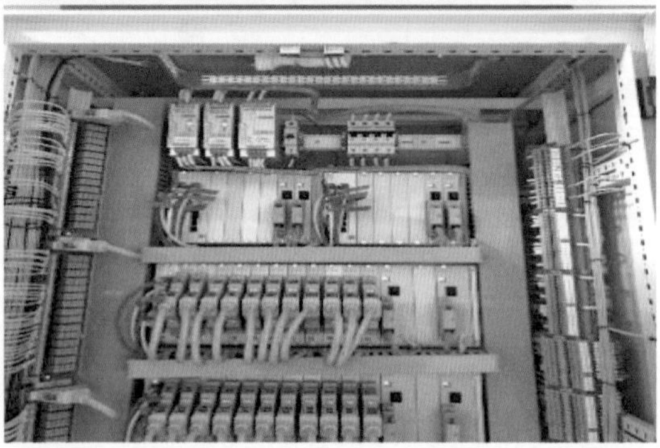	（1）观察装置双电源是否正常 （2）无发霉、锈蚀现象，无过热痕迹及焦糊味 （3）端子接线无脱落，端子无异常打开 （4）设备标识完整、清晰、无脱落

续表

<table>
<tr><th>设备</th><th>图片</th><th>要点</th></tr>
<tr><td>交换机</td><td> 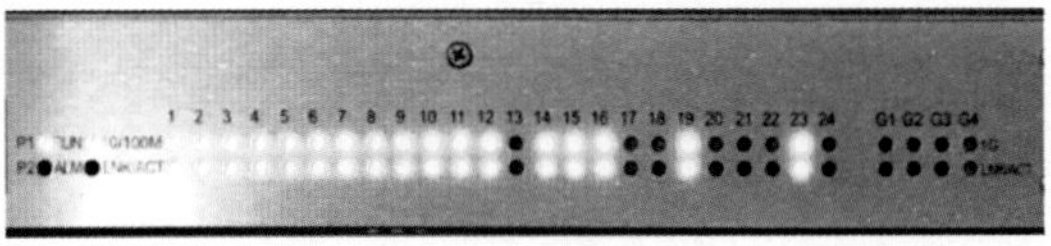</td><td>（1）P1 电源指示灯点亮
（2）P2 电源指示灯点亮
（3）RUN 运行指示灯点亮
（4）ALM 报警灯熄灭
（5）1～24 端口百兆口状态指示灯
<table>
<tr><td>10/100M
（上排）</td><td>亮：端口速率为 100Mbps</td></tr>
<tr><td>LNK/ACT</td><td>闪：对应端口有数据转发
灭：对应端口无可用连接</td></tr>
</table>
（6）G1～G4 端口千兆口状态指示灯
<table>
<tr><td>1G
（上排）</td><td>亮：端口速率为 1000Mbps</td></tr>
<tr><td>LNK/ACT</td><td>闪：对应端口有数据转发
灭：对应端口无可用连接</td></tr>
</table>
</td></tr>
</table>

（2）监控后台巡视要点见表 2－9。

表2－9　见识后台巡视要点

巡视画面	图片	要点
后台事件列表	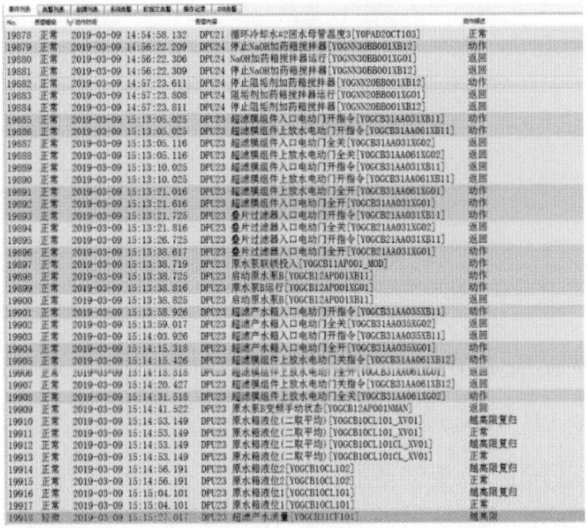	（1）日常监盘应监视后台事件实时列表 （2）查看故障列表是否有未复归事件 （3）查看系统告警及软报文告警列表中有无报警信息。对报警信息应逐条分析，如发现异常应及时汇报、处理，存在任何疑义，都应向设备负责人或者厂家询问清楚

续表

巡视画面	图片	要点
本体监测列表	 （见下方“#1机本体监测1”画面）	（1）运行中应定时观察监测列表中的数据 （2）如发现异常应及时汇报、处理
电气报警画面	 （见下方“#1机组电气报警画面1”）	（1）运行中应定时观察电气报警画面中的动作信号 （2）如发现异常应及时汇报、处理

#1机本体监测1

下一页

定子上下线棒层间平均温度	18.0℃			定子上层线棒出水平均温度	17.3℃		
定子上下线棒层间温度1(GT101)	18.1℃	定子上下线棒层间温度25(GT125)	17.8℃	定子上层线棒出水温度1(GT101)	17.5℃	定子上层线棒出水温度25(GT125)	17.2℃
定子上下线棒层间温度2(GT102)	18.2℃	定子上下线棒层间温度26(GT126)	17.7℃	定子上层线棒出水温度2(GT102)	17.6℃	定子上层线棒出水温度26(GT126)	17.1℃
定子上下线棒层间温度3(GT103)	18.3℃	定子上下线棒层间温度27(GT127)	17.8℃	定子上层线棒出水温度3(GT103)	17.6℃	定子上层线棒出水温度27(GT127)	17.1℃
定子上下线棒层间温度4(GT104)	18.1℃	定子上下线棒层间温度28(GT128)	17.9℃	定子上层线棒出水温度4(GT104)	17.6℃	定子上层线棒出水温度28(GT128)	16.9℃
定子上下线棒层间温度5(GT105)	18.3℃	定子上下线棒层间温度29(GT129)	17.7℃	定子上层线棒出水温度5(GT105)	17.6℃	定子上层线棒出水温度29(GT129)	16.8℃
定子上下线棒层间温度6(GT106)	18.0℃	定子上下线棒层间温度30(GT130)	17.8℃	定子上层线棒出水温度6(GT106)	17.6℃	定子上层线棒出水温度30(GT130)	16.7℃
定子上下线棒层间温度7(GT107)	18.3℃	定子上下线棒层间温度31(GT131)	17.8℃	定子上层线棒出水温度7(GT107)	17.7℃	定子上层线棒出水温度31(GT131)	16.6℃
定子上下线棒层间温度8(GT108)	18.1℃	定子上下线棒层间温度32(GT132)	17.8℃	定子上层线棒出水温度8(GT108)	17.7℃	定子上层线棒出水温度32(GT132)	16.7℃
定子上下线棒层间温度9(GT109)	18.1℃	定子上下线棒层间温度33(GT133)	17.9℃	定子上层线棒出水温度9(GT109)	17.8℃	定子上层线棒出水温度33(GT133)	16.6℃
定子上下线棒层间温度10(GT110)	18.2℃	定子上下线棒层间温度34(GT134)	17.8℃	定子上层线棒出水温度10(GT110)	17.8℃	定子上层线棒出水温度34(GT134)	16.6℃
定子上下线棒层间温度11(GT111)	18.0℃	定子上下线棒层间温度35(GT135)	18.0℃	定子上层线棒出水温度11(GT111)	17.8℃	定子上层线棒出水温度35(GT135)	16.5℃
定子上下线棒层间温度12(GT112)	17.9℃	定子上下线棒层间温度36(GT136)	17.9℃	定子上层线棒出水温度12(GT112)	17.8℃	定子上层线棒出水温度36(GT136)	16.6℃
定子上下线棒层间温度13(GT113)	18.0℃	定子上下线棒层间温度37(GT137)	18.0℃	定子上层线棒出水温度13(GT113)	17.7℃	定子上层线棒出水温度37(GT137)	16.6℃
定子上下线棒层间温度14(GT114)	18.1℃	定子上下线棒层间温度38(GT138)	18.0℃	定子上层线棒出水温度14(GT114)	17.6℃	定子上层线棒出水温度38(GT138)	16.8℃
定子上下线棒层间温度15(GT115)	18.0℃	定子上下线棒层间温度39(GT139)	17.9℃	定子上层线棒出水温度15(GT115)	17.6℃	定子上层线棒出水温度39(GT139)	16.8℃
定子上下线棒层间温度16(GT116)	18.0℃	定子上下线棒层间温度40(GT140)	18.1℃	定子上层线棒出水温度16(GT116)	17.7℃	定子上层线棒出水温度40(GT140)	17.0℃
定子上下线棒层间温度17(GT117)	18.0℃	定子上下线棒层间温度41(GT141)	18.1℃	定子上层线棒出水温度17(GT117)	17.6℃	定子上层线棒出水温度41(GT141)	16.9℃
定子上下线棒层间温度18(GT118)	17.7℃	定子上下线棒层间温度42(GT142)	18.1℃	定子上层线棒出水温度18(GT118)	17.6℃	定子上层线棒出水温度42(GT142)	17.1℃
定子上下线棒层间温度19(GT119)	17.9℃	定子上下线棒层间温度43(GT143)	18.1℃	定子上层线棒出水温度19(GT119)	17.5℃	定子上层线棒出水温度43(GT143)	17.1℃
定子上下线棒层间温度20(GT120)	17.8℃	定子上下线棒层间温度44(GT144)	18.2℃	定子上层线棒出水温度20(GT120)	17.6℃	定子上层线棒出水温度44(GT144)	17.1℃
定子上下线棒层间温度21(GT121)	17.6℃	定子上下线棒层间温度45(GT145)	18.3℃	定子上层线棒出水温度21(GT121)	17.4℃	定子上层线棒出水温度45(GT145)	17.3℃
定子上下线棒层间温度22(GT122)	17.9℃	定子上下线棒层间温度46(GT146)	18.3℃	定子上层线棒出水温度22(GT122)	17.4℃	定子上层线棒出水温度46(GT146)	17.2℃
定子上下线棒层间温度23(GT123)	17.9℃	定子上下线棒层间温度47(GT147)	18.2℃	定子上层线棒出水温度23(GT123)	17.3℃	定子上层线棒出水温度47(GT147)	17.3℃
定子上下线棒层间温度24(GT124)	17.6℃	定子上下线棒层间温度48(GT148)	18.3℃	定子上层线棒出水温度24(GT124)	17.2℃	定子上层线棒出水温度48(GT148)	17.5℃

#1机组电气报警画面1

下一页

调变组A套保护信号	调变组B套保护信号	调变组C套保护信号
[illegible]	[illegible]	[illegible]

断路器保护信号	转子接地保护信号
[illegible]	[illegible]

2.2.3 应急要点

（1）主DPU发生后台A或B网故障应急要点见图2-6。

（2）主DPU发生后台AB网同时故障应急要点见图2-7。

（3）DPU冗余控制器故障应急要点见图2-8和图2-9。

（4）DCS后台操作站故障应急要点见图2-10。

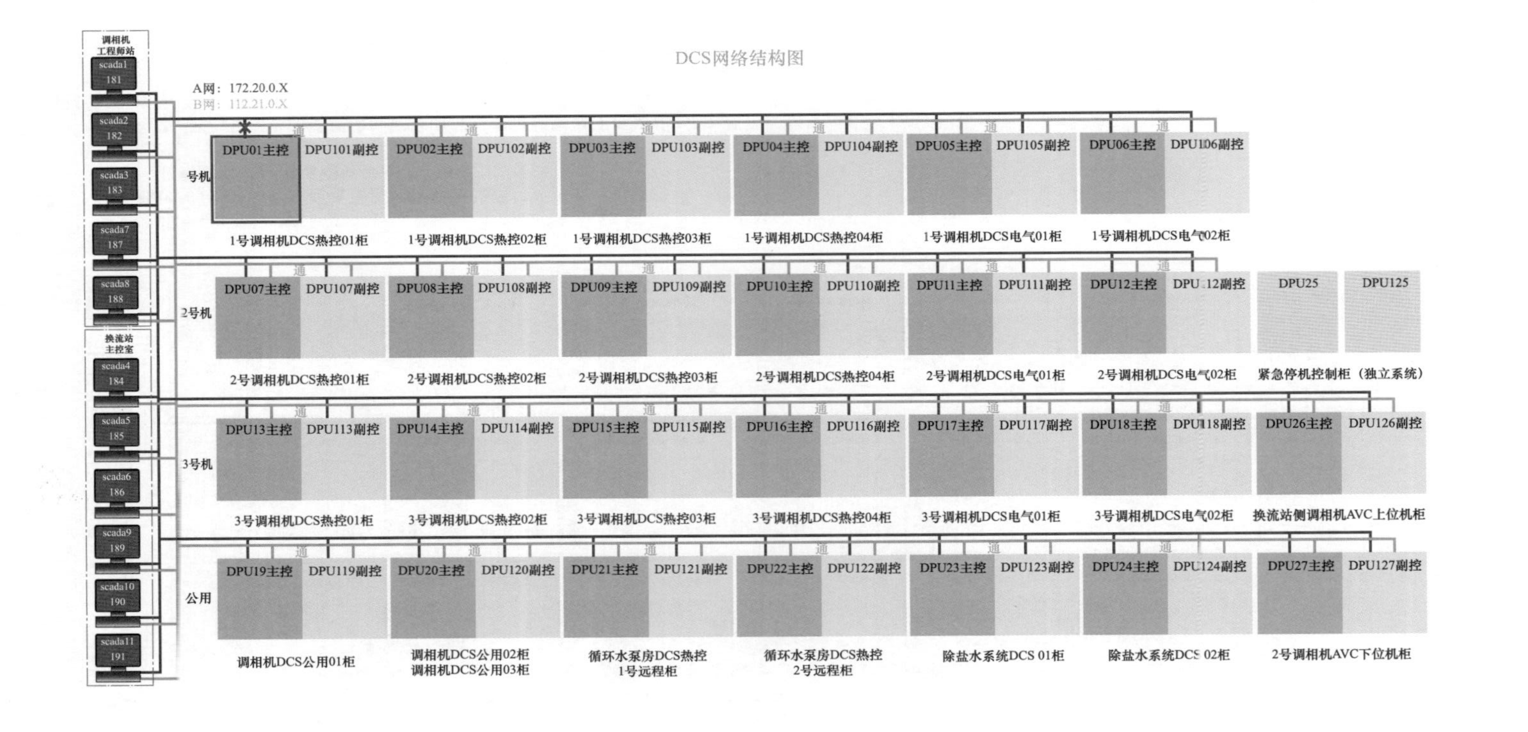

检修处理：

（1）故障不会影响系统网络通信，检修人员检查网络故障及时恢复即可。

（2）检查网线是否插牢。

（3）检查装置运行灯、故障灯、告警灯是否异常。

图 2-6　主 DPU 发生后台 A 或 B 网故障应急要点

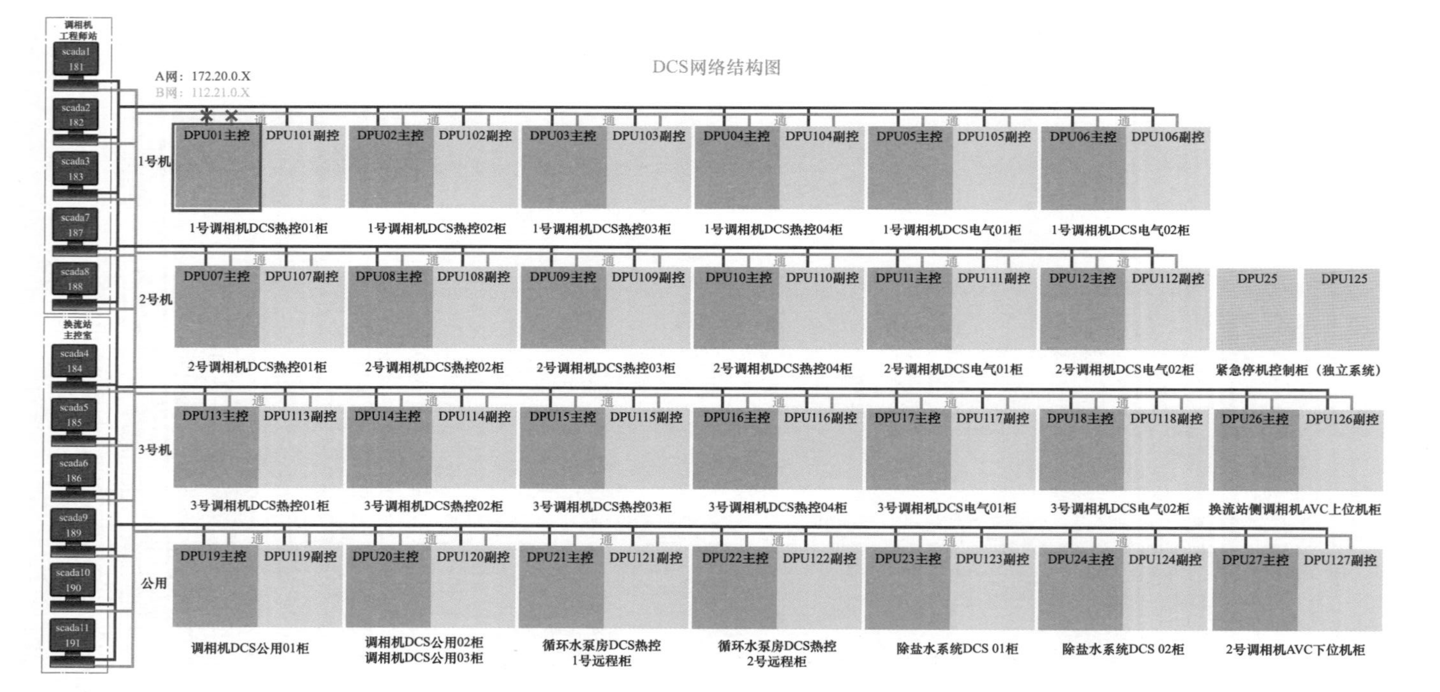

运行处理：

（1）立即通知公司调度。

（2）通过后台 DCS 界面检查设备运行情况及阀门开关的运行状态。

（3）采取相应的安全措施避免事故进一步扩大。

检修处理：

（1）检查后台 DCS 界面或就地屏柜界面屏柜主机装置前面板主从 DPU 是否已切换，若主 DPU 故障，而从 DPU 未正常切换，则应立即汇报相关领导并请示进行手动切换 DPU 的操作。

（2）确保 DPU 正常的情况下，迅速检查交换机状态和供电情况是否正常，以免各冗余控制器与交换机之间、工程师站、操作员站与交换机之间的网络连接情况：是否有 RJ45 接头破损、脱落和松动情况如有水晶接头破损立即更换备用或现场制作，松动则立即插紧然后去工程师站检查网络，测通网络，恢复正常运行。

（3）后台确认 DPU 中的所有报警并清除。

（4）DPU 正常工作后，恢复措施。

图 2-7　主 DPU 发生后台 AB 网同时故障应急要点

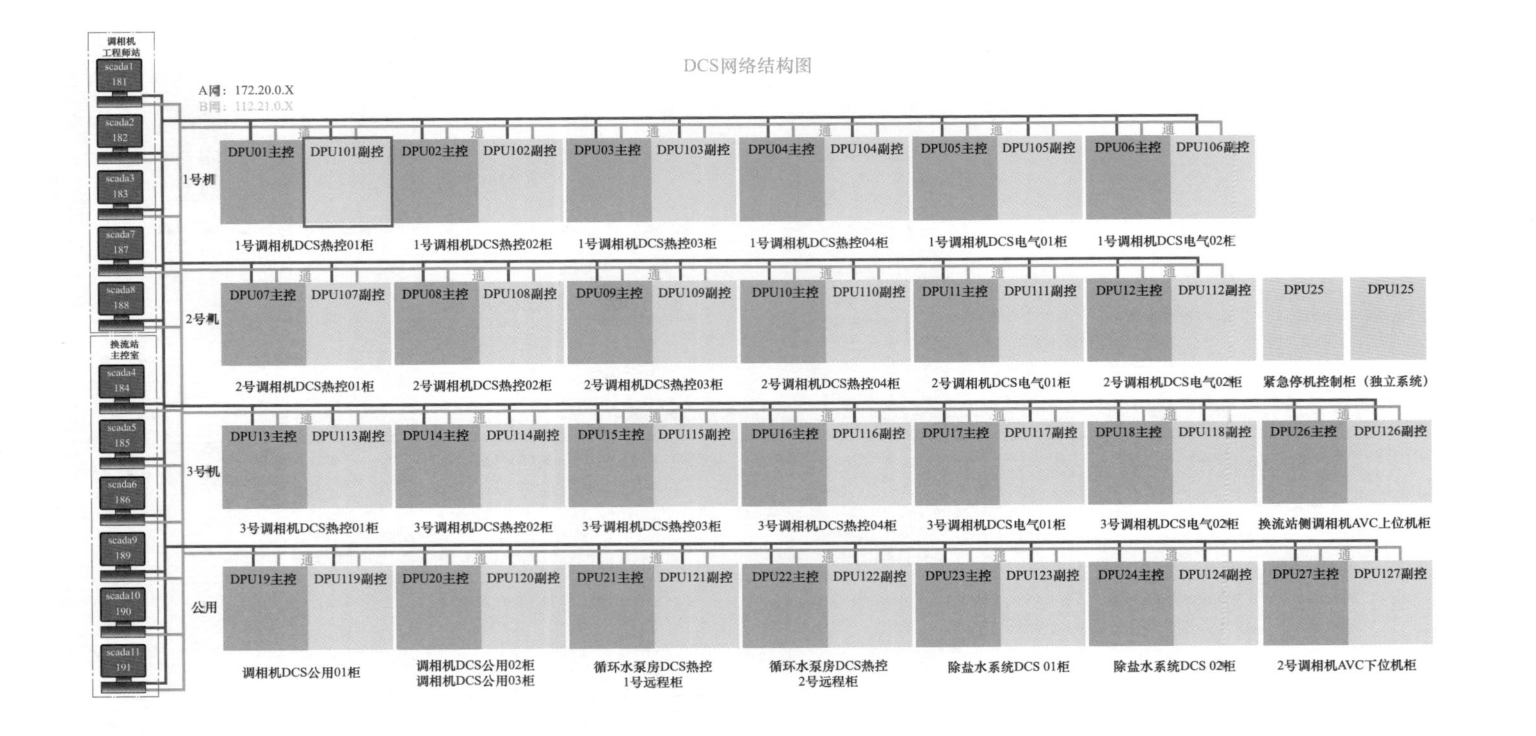

单控制器故障应急方法：
运行处理：
（1）汇报领导并立即组织人员检查相关设备动作情况，确保冗余控制器有一台在主用状态且运行正常。
检修处理：
（2）就地检查 DCS 是否已将故障控制器切为备用。
（3）直接人为将备用控制器断电重启，恢复同步。

图 2-8　DPU 冗余控制器故障（单控制器故障）应急要点

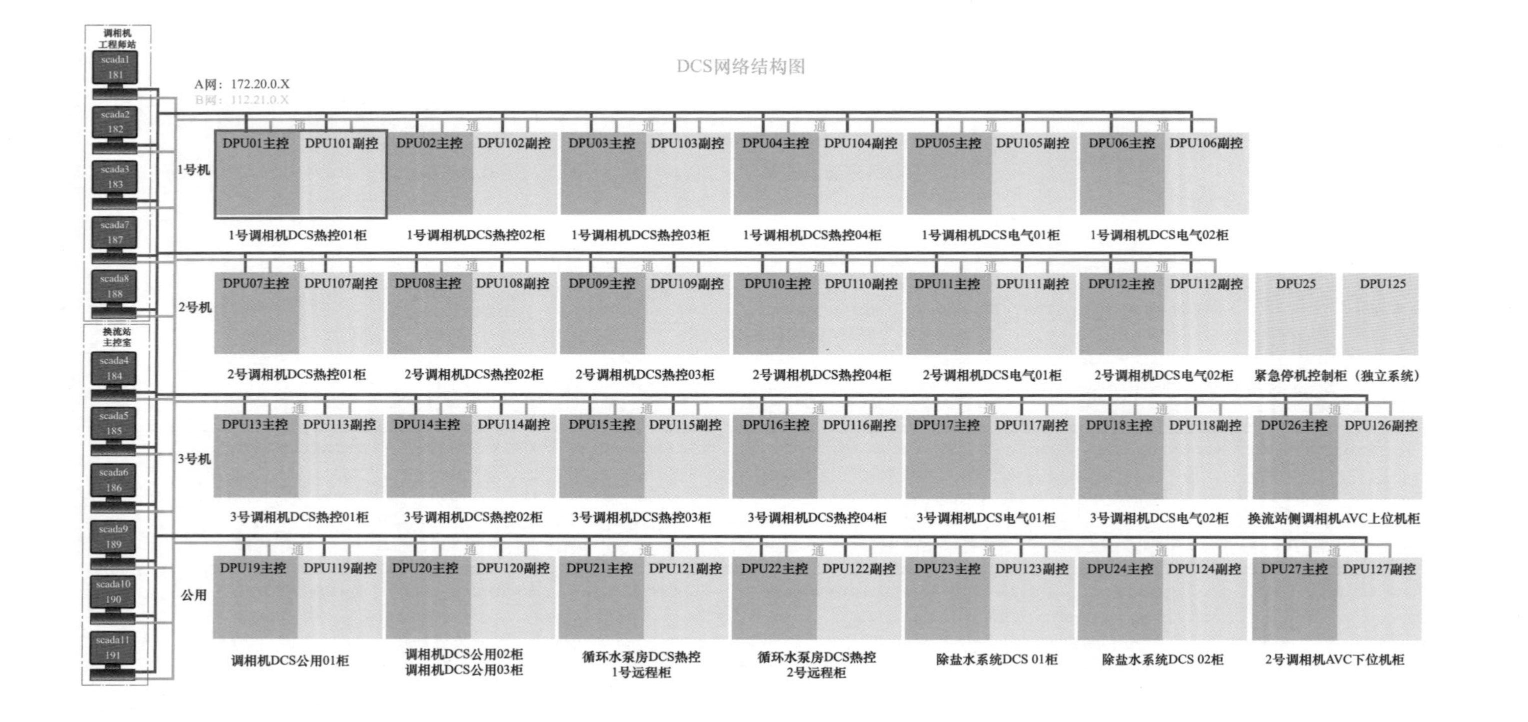

一对冗余控制器同时故障应急方法。

运行处理：

（1）汇报领导并立即组织人员检查相关设备动作情况。

（2）根据该控制器的控制功能，现场检查确认现场设备运行正常，并确认控制器故障有无影响现场设备正常控制的因素。

检修处理：

（3）首先查看此时哪个为主，两个控制器故障等级是否相同，立即判断是否进行主从控制器人为切换，如果切换不成功，迅速汇报车间领导，等待调度停机命令。

图 2－9　DPU 冗余控制器故障（一对冗余控制器同时故障）应急要点

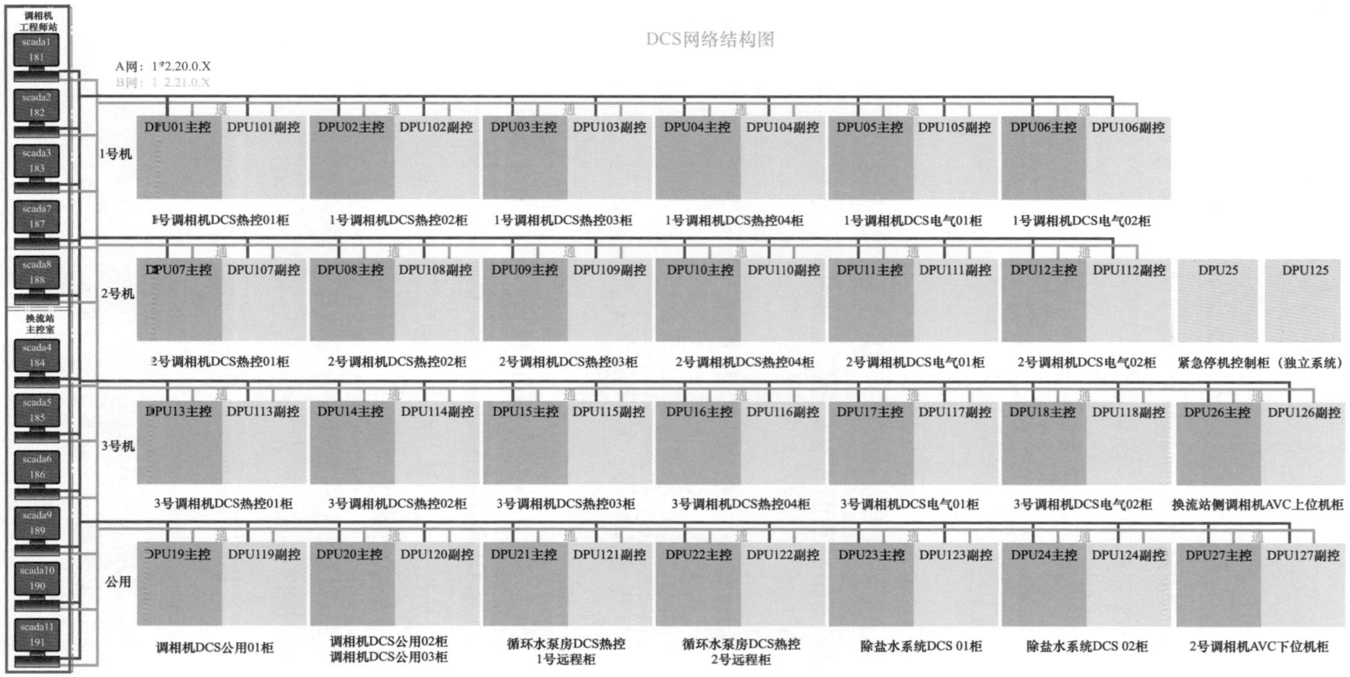

DCS网络结构图

调相机工程师站
scada1 181
scada2 182
scada3 183
scada7 187
scada8 188
换流站主控室
scada4 184
scada5 185
scada6 186
scada9 189
scada10 190
scada11 191

A网：172.20.0.X
B网：172.21.0.X

1号机
DPU01主控 DPU101副控 DPU02主控 DPU102副控 DPU03主控 DPU103副控 DPU04主控 DPU104副控 DPU05主控 DPU105副控 DPU06主控 DPU106副控
1号调相机DCS热控01柜 1号调相机DCS热控02柜 1号调相机DCS热控03柜 1号调相机DCS热控04柜 1号调相机DCS电气01柜 1号调相机DCS电气02柜

2号机
DPU07主控 DPU107副控 DPU08主控 DPU108副控 DPU09主控 DPU109副控 DPU10主控 DPU110副控 DPU11主控 DPU111副控 DPU12主控 DPU112副控 DPU25 DPU125
2号调相机DCS热控01柜 2号调相机DCS热控02柜 2号调相机DCS热控03柜 2号调相机DCS热控04柜 2号调相机DCS电气01柜 2号调相机DCS电气02柜 紧急停机控制柜（独立系统）

3号机
DPU13主控 DPU113副控 DPU14主控 DPU114副控 DPU15主控 DPU115副控 DPU16主控 DPU116副控 DPU17主控 DPU117副控 DPU18主控 DPU118副控 DPU26主控 DPU126副控
3号调相机DCS热控01柜 3号调相机DCS热控02柜 3号调相机DCS热控03柜 3号调相机DCS热控04柜 3号调相机DCS电气01柜 3号调相机DCS电气02柜 换流站侧调相机AVC上位机柜

公用
DPU19主控 DPU119副控 DPU20主控 DPU120副控 DPU21主控 DPU121副控 DPU22主控 DPU122副控 DPU23主控 DPU123副控 DPU24主控 DPU124副控 DPU27主控 DPU127副控
调相机DCS公用01柜 调相机DCS公用02柜 调相机DCS公用03柜 循环水泵房DCS热控1号远程柜 循环水泵房DCS热控2号远程柜 除盐水系统DCS 01柜 除盐水系统DCS 02柜 2号调相机AVC下位机柜

运行处理：

（1）汇报领导立即组织人员检查相关设备动作情况，配合运行人员操作设备。

检修处理：

（2）重新启动操作站是否正常。

（3）如果操作站可启动，但操作界面无法启动，检查操作软件。

（4）检查网络是否有故障。

图 2－10　DCS 后台操作站故障应急要点

（5）I/O 卡件损坏应急要点。

1）AO、AI、DI、DO 卡件损坏，汇报领导立即组织人员检查相关设备动作情况，配合运行人员操作设备，检查组态逻辑将相关设备信号进行强制，保证机组正常运行。

2）准备同型号卡件，卡件拨码开关、跳线等设置要与原卡件相符安装卡件时戴防静电环，轻轻进行，以防造成板卡损坏，电源短路，机柜停电。

3）安装完成检查各测点无异常后，恢复措施。

（6）单台机 DCS 全部电源失去应急要点。

1）立即按下紧急停机按钮，确保机组跳闸，并通知热控人员配合处理。

2）就地开启调相机盘车。

检修处理：

1）在电子间 DCS 电源柜用万用表检查 2 个 DCS 总进线电源空气开关上下端子电压是否为 220V AC，如果不正常则是上级电源故障，由电气专业检查并恢复正常供电。

2）如果进线电源为正常 220V AC，则 DCS 电源回路故障，热控人员检查 DCS 总电源柜内送至各机柜空气开关状态，用万用表检查到各机柜电源出线是否有接地、短路现象，若有接地或短路，检查消除接地或短路点，再准备恢复 DCS 电源。

3）热控人员确认可以恢复 DCS 供电时，应汇报值长确认就地无运行及维护人员进行现场工作后，方可对 DCS 重新上电。

4）DCS 重新送电后，热控人员确认 DCS 功能全部恢复，检查设备状态、参数指示正常，汇报值长决定是否重新开机。

（7）操作员站全部失去监控且无后备监视应急处理。如数据全部呈现紫色，则环路中断的可能性较大；如所有电脑关机，就地查看各 DPU 控制柜运行良好，则可能仅是操作台电源失去。执行以下操作：

1）联系调度，维持当前工况运行。

2）对于重要设备，实行就地实时监控。

3）热控人员在短时间内无法恢复操作员站，又无备用仪表可以监视时，运行人员应申请停机。

所有操作员站全部关机、黑屏、死机、操作响应或者数据显示严重迟滞甚至不更新、操作软件 PGP 退出运行等检修处理过程：

1）立即至 DCS 总电源柜检查进线电源，若是整个 DCS 失电，则参照（6）处理。

2）如发现 DCS 电源空气开关跳闸，应试投一次，如无法合上，则检查电源回路是否短路、接地，电源是否正常。

3）排除电源故障，查看是否有网络风暴或网络病毒。网络风暴是数据广播造成的网络拥塞，使网速大大降低，甚至网络瘫痪，出现网络风暴后可通过重启各网络通信设备释放堵塞的网路，关键是找出堵塞的原因，才能彻底解决；如果是网络病毒引起网络瘫痪，尝试断开所有上层网络，保留一台数据服务器与控制网络接口；对于其他所有工作站只能断开网络，并依次格式化硬盘重新装机、接入控制网络及英特尔网络；断开未重装工作站与控制网络接口，格式化硬盘重新装机、接入控制网络及英特尔网络，所有工作站恢复正常。一旦出现网络病毒引起网络故障，完全恢复系统正常可能需要很长时间，需要运行人员做好设备监控，尽量减少设备操作，并随时做好紧急拍停准备。

所有操作员站全部数据显示紫色故障检修处理过程：

1）包括操作台计算机网络传送接口在内的各控制节点逐个检查，确定环路通信在哪个节点中断。

2）找到断点后，逐一检查环网连接头，接线是否牢固，检查同轴电缆有无折损。

3）检查通信网络交换机版本，咨询控制系统厂家是否需要升级，利用停机机会，将所有交换机件全部升级。

2.3 励 磁 系 统

2.3.1 设备概况

1. *励磁系统设备*

三台调相机各配置一套独立的励磁系统，每套系统分为主励磁系统、启动励磁系统。主励磁系统包括励磁调节器、可控硅整流装置、灭磁及过电压保护装置、主励励磁变压器，启动励磁系统包括启动励磁变压器、启动励磁整流桥、切换开关。主励磁工作原理：励磁电源经励磁变压器连接到可控硅整流装置，整流为直流后经灭磁开关，接入调相机集电环，进入励磁绕组，提供励磁电流。励磁调节器根据输入信号和给定的调节规律控制可控硅整流装置的输出，控制同步调相机的输出电压和无功功率。启动励磁系统在调相机启动阶段工作，配合 SFC 完成对机组升速拖动，在 SFC 退出后切换至自并励励磁系统。励磁系统接线图见图 2-11。

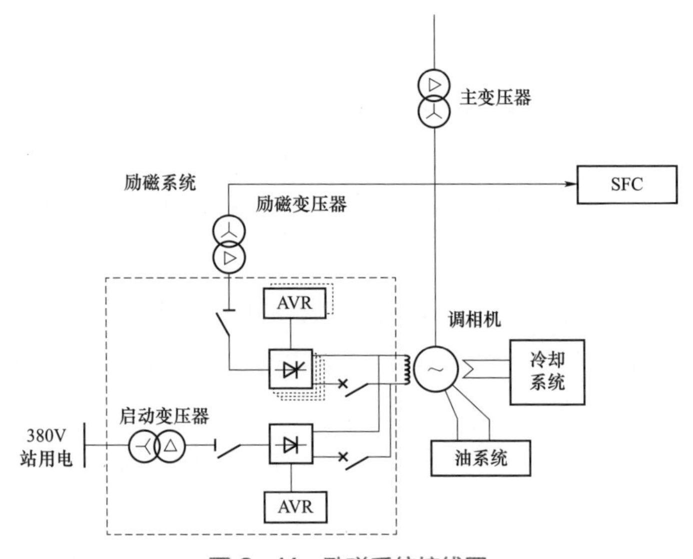

图 2-11　励磁系统接线图

每台机励磁小室配 10 面屏柜，三台机共计 30 面屏柜，分别是灭磁电阻柜&转子接地保护装置、启动励磁 1 号整流器柜、启动励磁 2 号整流器柜、励磁系统交流进线柜、励磁系统 1 号整流器柜、励磁系统 2 号整流器柜、励磁系统 3 号整流器柜、励磁系统灭磁开关柜、励磁调节器柜、启动励磁电源柜。

2. 励磁系统控制策略

常规机组的励磁控制策略主要为电压闭环控制、电流闭环控制、恒无功或恒功率因数调节。电压闭环控制方式是励磁调节器运行的主要方式，又称为自动方式。这种控制方式以调相机的机端电压作为调节变量，目的是维持机端电压与电压参考值一致。在机组空载时体现为机端电压变化，在并网时体现为无功功率和机端电压变化。励磁调节器测量调相机机端电压，并与给定值进行比较，当机端电压高于给定值时，增大晶闸管的触发角，减小励磁电流，使机端电压回到设定值。当机端电压低于给定值时，减小晶闸管的触发角，增大励磁电流，维持机端电压为设定值。电压闭环控制一般采用并联 PID 模型或串联 PID 模型，电压闭环并联 PID 模型见图 2－12。

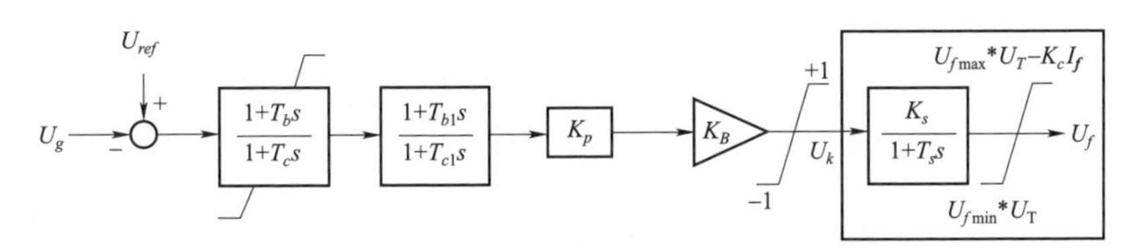

图 2－12　电压闭环并联 PID 模型

电流闭环控制是励磁系统运行的辅助方式，在调相机启动过程、励磁试验时或电压环故障（测量 TV 断线或机端电压异常）时使用，又称手动方式。这种控制方式以机组励磁电流（转子电流）作为调节变量，目的是维持机组励磁电流与电流参考值一致。励磁电流参考值可由增磁命令（远方或就地）和减磁命令（远方或就地）进行调整。电流闭环控制一般采用并联 PI 模型，见图 2－13。

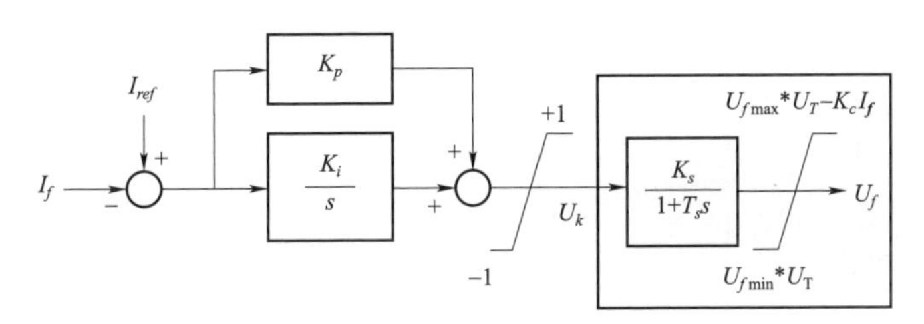

图 2－13　电流闭环并联 PI 模型

恒无功调节（见图 2－14）或恒功率因数调节（见图 2－15）为附加控制方式，调节稳态时的机组无功或功率因数，达到稳态调节机组无功和系统电压的目的。这种控制方式采用双环调节，外环是无功/功率因数环，内环是电压环，保证稳态时的机组无功输出和暂态时的电压维持水平。

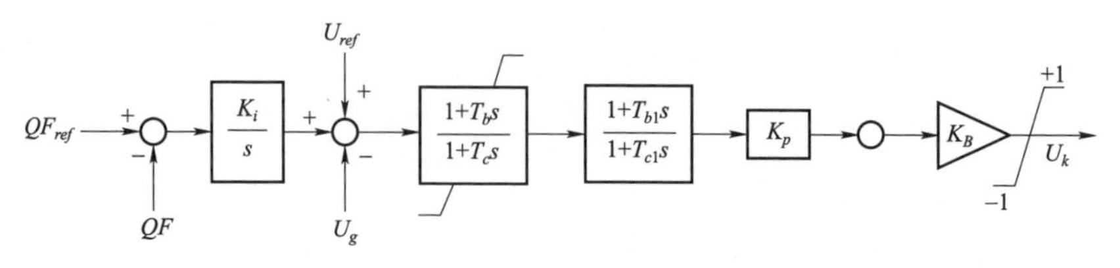

图 2-14　恒无功调节

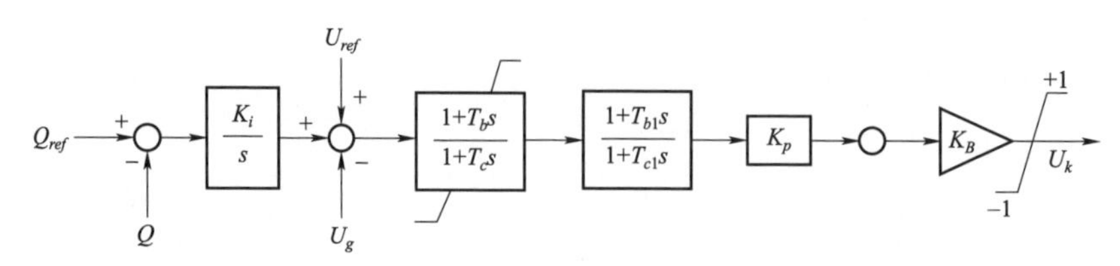

图 2-15　恒功率因数调节

调相机的启动励磁调节器控制策略较为简单，仅采用电流闭环控制方式，即并联 PI 模型。而主励磁调节器稳态时运行在复合功率控制模式（见图 2-16），由高压母线电压和无功实现稳态控制；暂态由电压闭环进行快速强励或强减。

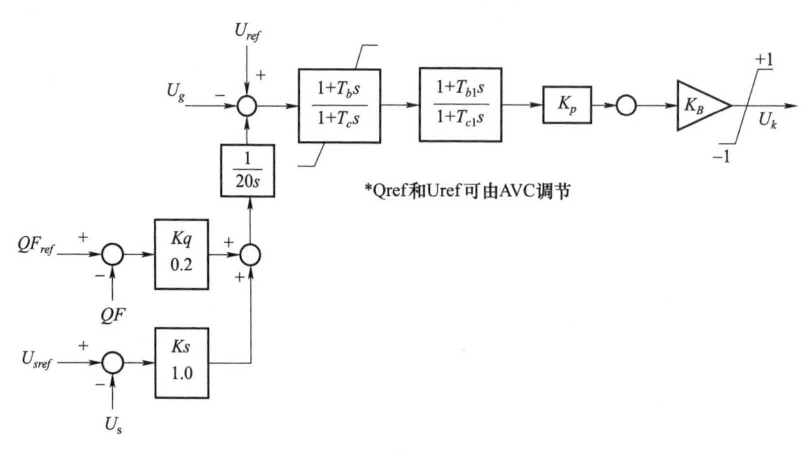

图 2-16　复合功率控制

2.3.2　巡视要点

励磁系统巡视要点见图 2-10。

表2-10　　励磁系统巡视要点

设备	图片	要点
励磁系统		励磁系统投人之前，必须保证所需要的全部电源已经送电，保证能安全启动必须进行下述的检查： （1）系统的维护工作已完成 （2）控制和电源柜已准备好运行并且适当地锁定 （3）电机输出空载，到励磁变压器及励磁柜的输入和输出开关合上（临时接地线拆除） （4）灭磁开关、切换开关及启动励磁开关的控制电源及调节器电源已送电 （5）没有报警和故障信息产生 （6）主励磁系统切换到自动方式 （7）启动励磁 400V 上级电源送电 （8）系统有开机投励命令，各励磁整流柜冷却风机要在运行状态
励磁小室各电源		励磁小室各电源投入正常，控制方式正确，风机工作正常

续表

设备	图片	要点
电气元件、各电缆接头、开关及刀闸触头		电气元件、各电缆接头、开关及刀闸触头无过热现象快速熔断器及其他熔断器无熔断现象
整流功率柜	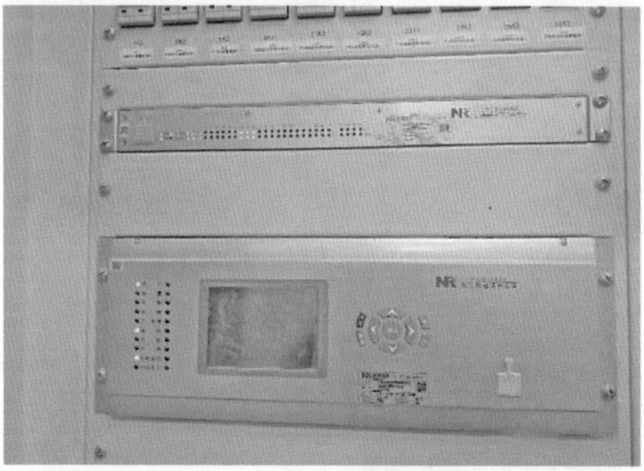	整流功率柜电流分配均匀，励磁电流、励磁电压指示与 DCS 一致，灭磁开关工作，风机无异声，正常滤网清洁，备用电源在良好备用状态
励磁变压器		励磁变压器无过热、异声，冷却系统工作正常
电子元件		尽管电子元件不会表现出或只有轻微的老化现象，但也应定期对励磁调节器进行全面的检查，以保证励磁系统的运行可靠性

续表

设备	图片	要点
励磁调节装置		运行过程中，励磁调节装置不间断地检测自身各重要环节的状况，包括对备用通道的检测但是备用通道只有在故障情况下才投入，所以需要定期投入运行以检测其性能
PCS9410面板指示灯	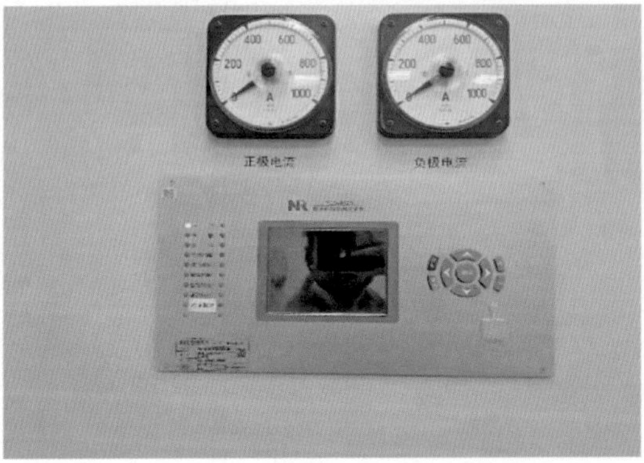	面板指示灯说明： （1）“运行”灯为绿色，装置正常运行时点亮，熄灭表明装置不处于工作状态 （2）“报警”灯为黄色，装置有报警信号时点亮 （3）“限制”灯为黄色，当限制动作时点亮 （4）“故障”灯为红色，当故障动作时点亮 （5）“PT 断线”灯为红色，当TV断线时点亮 （6）“主/从”灯为绿色，当主套运行时点亮 （7）“投励”灯为绿色，当装置投励时点亮 （8）“并网”灯为绿色，当机组并网时点亮 （9）“自动运行”灯为绿色，当装置处于电压环运行时点亮
PCS9410液晶显示	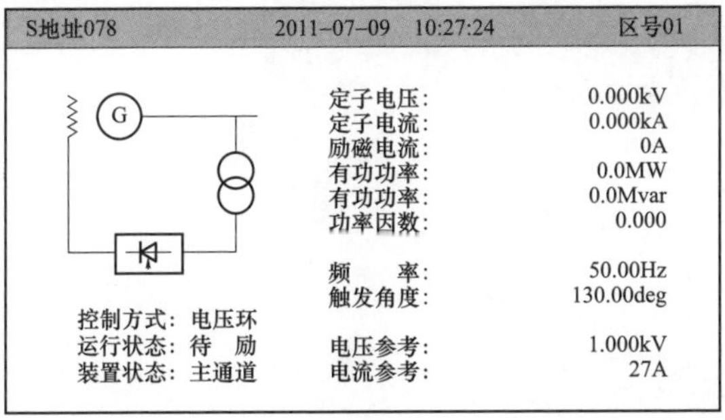 S地址078 2011-07-09 10:27:24 区号01 G 定子电压: 0.000kV 定子电流: 0.000kA 励磁电流: 0A 有功功率: 0.0MW 有功功率: 0.0Mvar 功率因数: 0.000 频　率: 50.00Hz 触发角度: 130.00deg 控制方式: 电压环 运行状态: 待　励 装置状态: 主通道 电压参考: 1.000kV 电流参考: 27A	装置正常运行时液晶显示说明：装置上电后，正常运行时液晶屏幕将显示主画面

续表

设备	图片	要点
PCS9410 液晶显示	装置自检报警信息 装置报警 版本错误报警	装置运行异常时液晶显示说明：装置运行过程中，硬件自检出错或检测到系统运行异常时，主画面将立即显示自检报警信息先按住“确认”键，再按“取消”键，可在报告显示界面和正常运行主画面间互相切换
	NO.058　2011–07–09　10:10:26:498　装置动作 0000ms　最小励磁电流限制 NO.058　2011–07–09　10:10:26:498　装置动作 0000ms　最小励磁电流限制 装置自检报警信息 版本错误报警	本装置能存储 1024 次动作报告，64 次故障录波当装置动作时，液晶屏幕自动显示最新的装置动作报告，再根据当前是否有自检报告，液晶屏幕将可能显示以下两种界面： （1）有装置动作报告，没有自检报告，此时界面如下：当装置动作时，主界面显示最新一次动作报告界面显示动作报告的记录号，动作时间及动作元件名称，并且在动作元件前，显示保护动作的相对时间和相别。 （2）装置动作报告和自检报告同时存在，界面如下：如果动作报告和自检报告同时存在，则主画面上半部分显示动作报告，下半部分显示自检报告
室内运行 环境		（1）检查 2 台空调运行是否正常、温度设置是否合理，室内温度控制在 40℃以下，空调有无漏水等现象 （2）小室内孔洞封堵完好，检查粘鼠板使用情况

2.3.3 应急要点

励磁系统应急要点见表 2－11。

表 2－11　　励磁系统应急要点

现象	图例	应急要点
整理柜温度高		（1）检查温度测量是否正常 （2）比较几个整流柜的温度情况，是否一致 （3）如果确实是室温比较高，可考虑开启双风机运行
快熔熔断故障		（1）快熔熔断后可通过柜内指示灯定位具体是哪个快熔熔断，检查是否正确报警 （2）如果快熔确实熔断，则需分析熔断原因，并考虑切除整流柜后更换快熔
灭磁柜过压动作	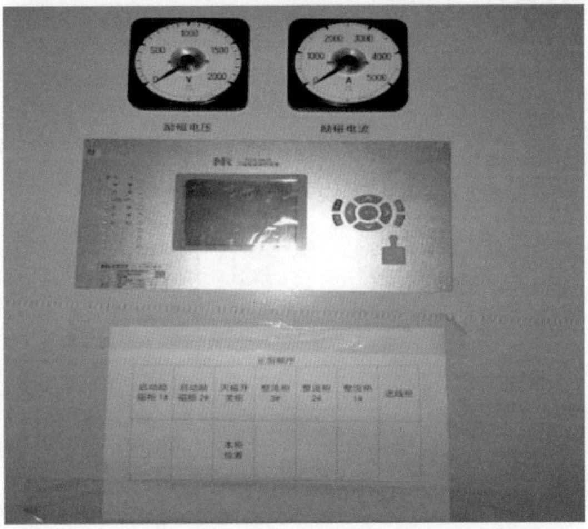	（1）过压动作后需对动作现场进行记录和检查 （2）查明动作原因，检查是否有元件损坏 （3）进行过压复归操作

续表

现象	图例	应急要点
灭磁开关异常		（1）一般要求分闸操作后延时至少 15s 后再操作合闸，否则可能合闸不成功 （2）灭磁开关无法合闸时，请先确认操作电源和合闸电源是否正常，合闸命令是否实际开出至开关操作回路 （3）灭磁开关无法分闸时，请先确认操作电源是否正常，分闸命令是否实际开出至开关操作回路
励磁变压器过热		（1）核对转子电流曲线，判断变压器是否长时间处于过载状态 （2）检查变压器底部和顶部冷却风扇运行是否正常、环境温度是否正常 （3）用红外测温仪测量变压器的温度，与温控器测量值对比，判断是否属信号误发 （4）若信号误发，应通知维护人员处理温控器 （5）若运行环境和负荷条件正常，经对比测量属温度过高，必须立即降低调相机无功功率至许可值，使变压器温度下降直至报警消失 （6）若降负荷无效，变压器温度持续上升，则汇报调度和相关领导申请停机处理
励磁小室温度过高		（1）检查空调模式是否在制冷状态 （2）检查空调温度设置是否在较低范围 （3）检查冷凝水管路有无堵塞 （4）检查室外机风扇是否积灰 （5）确定空调暂时无法使用时，打开小室通风风扇 （6）必要时打开小室门，加入轴流风机强行通风散热

2.4 内 冷 水 系 统

2.4.1 设备概况

调相机内冷水系统由定子冷却水系统和转子冷却水系统组成。定子冷却水系统供调相机定子冷却用，含 $2m^3$ 水箱 1 个，水泵 2 台，冷却器 2 台，过滤器 2 台，离子交换器 1 台，加热装置 1 套，加碱装置 1 台，阀门 117 个×3 台机。转子冷却水系统供调相机转子冷却用，由 $2m^3$ 水箱 1 个，水泵 2 台，冷却器 2 台，过滤器 2 台，膜碱化装置 1 台，阀门 119 个×3 台机。内冷水系统设备概况见表 2－12。

表 2－12　　内冷水系统设备概况

名称	型号	数量	图片
定子水箱	DZSX－TX	3	
定子冷却水泵	CNH－B50－250G－W20	6	

续表

名称	型号	数量	图片
定子冷却水冷却器	WWC－300	6	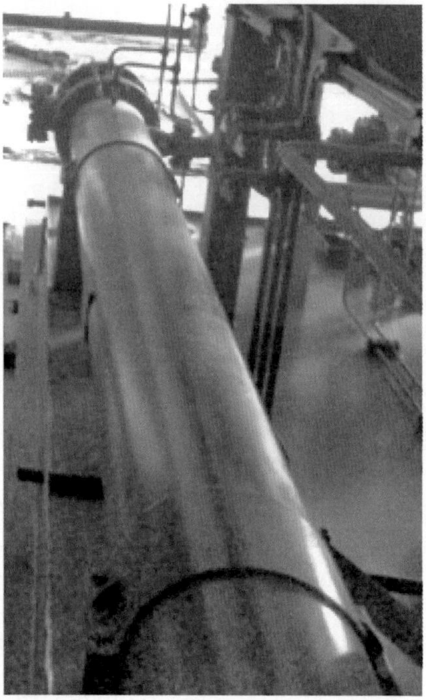
定子冷却水过滤器	SG11－65/1.0型	6	

续表

名称	型号	数量	图片
离子交换器	—	3	
定子冷却水加热器	GD－01	3	

续表

名称	型号	数量	图片
定子冷却水断水保护装置	—	3	
定子冷却水加碱装置	AKL0000	3	
转子水箱	ZZSX－TX	3	

续表

名称	型号	数量	图片
转子冷却水泵	CNH－B50－250G－W20	6	
转子冷却水冷却器	WWC－300	6	
转子冷却水过滤器	SG11－65/1.0 型	6	

续表

名称	型号	数量	图片
转子膜碱化装置	TZL－1	3	

2.4.2 巡视要点

内冷水系统巡视要点见表2－13。

表2－13 内冷水系统巡视要点

设备	图片	要点
定转子水泵		定转子水泵动力柜正常运行时，水泵等均应采用自动控制模式，阀门打开位置正确，电源正常投入

续表

设备	图片	要点
水泵旋钮		正常运行时应在自动档位
在线表计示数正常	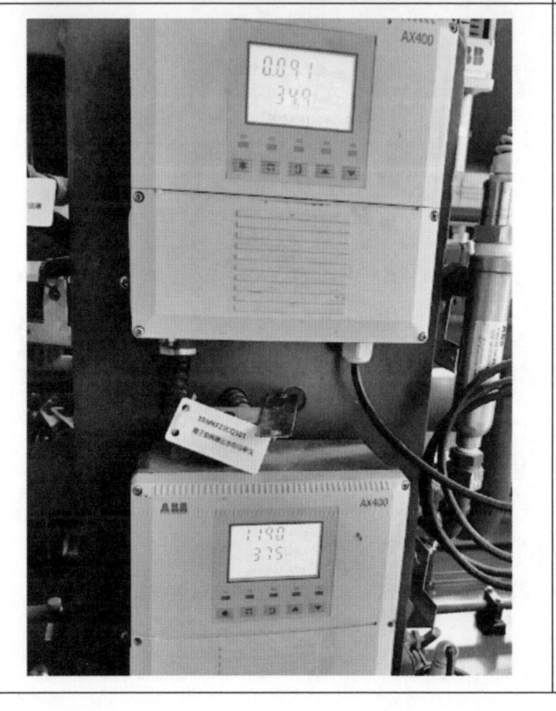	表计示数在范围内，定子冷却水电导≤2μS/cm，转子冷却水电导≤5μS/cm

续表

设备	图片	要点
水泵轴承室油杯		水泵在调相机启动前运行，当设备运行后现场检查水泵运行平稳无杂音，水泵轴承室油杯油位正常，不低于总量的 1/3
定、转子水系统压力	 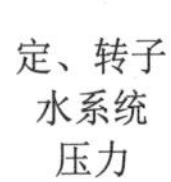	日常运行需关注定转子水系统压力、流量、温度、滤网前后压差等重要参数，定子水系统：水泵压力 0.71MPa，流量 49.5～75m^3/h，滤网压差≤80kPa，进水温度≤45℃。转子水系统：流量 42.3～60m^3/h，滤网压差≤80kPa，进水温度≤43℃，如发现报警需立即进行排查

续表

设备	图片	要点
各泵及设备阀门、管道		各泵及设备阀门、管道完好，无跑、冒、滴、漏现象，水泵运转声音，类似电机轴承损坏等会产生杂音，此类故障无法上报
内冷水泵、电机和动力屏柜	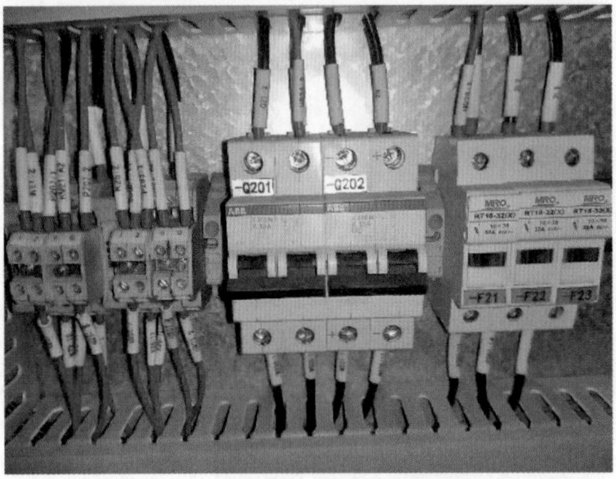	定期对内冷水泵、电机和动力屏柜进行红外测温，发现异常应及时处理
转子膜碱化装置		巡视时关注膜碱化装置的进出水 pH、电导率、循环流量等参数。若发现异常告警需立即进行排查。防止出现膜碱化装置传感器等部件故障导致装置持续向系统内加药的情况出现

2.4.3 应急要点

内冷水系统应急要点见表 2－14。

表 2－14　　内冷水系统应急要点

现象	图例	要点
定转子水泵温度高	 测量水泵温度	（1）立即就地检查水泵运行情况，查看是否由水泵轴承室缺少润滑引起，如果油杯缺油，马上添加注射润滑油至腔室的 2/3 （2）查看水泵与电机振动情况，如振动超标也能引起水泵温度上升，若振动过大，需停泵进行处理 （3）查看水泵出口压力以及电机电流情况，是否存在水泵超过额定功率运行 （4）若与以上原因无关，需停泵后解体检查水泵检查，修理或更换部件
定转子水泵振动大	 测量振动	（1）检查联轴器的弹性块是否完好，联轴器是否有裂纹，联轴器对中是否存在问题，发现问题更换零件或重新对中 （2）检查电动机和水泵轴承声音，是否为轴承损坏引起振动超标 （3）检查地脚螺栓是否紧固，基础灌浆是否达到要求

续表

现象	图例	要点
定转子水进绕组的压力偏低		（1）检查定转子水过滤器前后压差（≤80kPa）是否过大，因滤网堵塞造成 （2）检查定转子水箱液位是否正常 （3）检查水泵出口节流阀是否开度太小，过度节流所致 （4）检查定转子水系统设备、管道是否有漏点
定、转子水箱的水位偏低	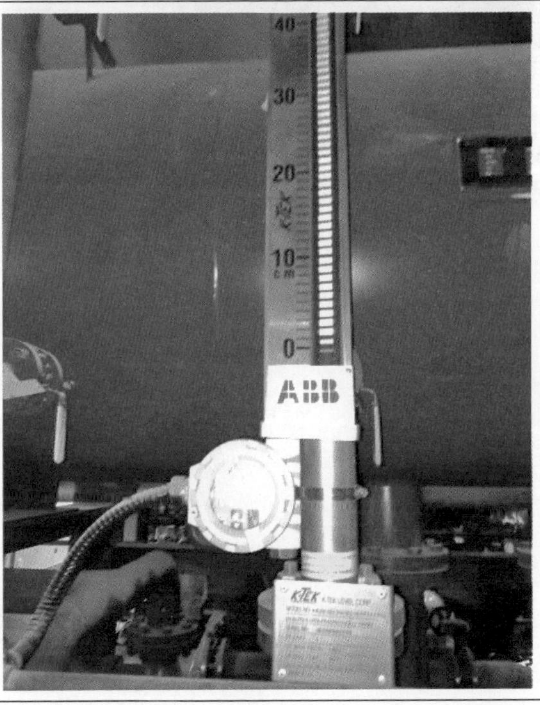	（1）定、转子水冷却器泄漏，一般内冷水压力高于二次冷却水压力，导致定、转子内冷水通过冷水器外泄切换水冷却器，并对可疑冷水器进行泄漏检查 （2）查出系统其他漏点，止住泄漏，并往定、转子水箱加大补充水以恢复到正常水位（500～600mm） （3）如无法维持水循环，立即采取措施将调相机解列

续表

现象	图例	要点
通过定、转子线圈的冷却水流量偏低		（1）水泵出口压力偏低导致水流量降低 （2）水过滤器堵塞导致水力量降低 （3）定子线圈堵塞导致水力量降低 （4）冷却系统的流量损失会非常快地影响调相机的运行，如果流量再降低，信号将会发送给调相机电子保护装置，调相机将解列 （5）调相机重新加负荷前，必须确定故障并加以排除

2.5 循环水系统

2.5.1 设备概况

站内三台调相机共用一套循环水系统。循环水系统采用母管制供水系统，其流程为冷却塔集水池→循环水回水管（沟）→循环水泵房→循环水供水压力管→调相机冷却换热系统→循环水回水压力管→冷却塔→冷却塔集水池。

调相机循环水系统主要设备包括循环水泵 4 台、冷却风机 4 台、工业补水泵 4 台、全自动电动滤水器 3 台、稳压罐 1 台、稳压泵 2 台、加药计量泵 4 台、智能一体化电动阀 103 个。循环水系统设备概况见表 2－15。

表 2-15　　循环水系统设备概况

名称	型号	数量	图片
循环水泵	OMEGA200-320B	4	
冷却塔风机	AL63-02	4	
全自动电动滤水器	LWW12450-1695F	3	

续表

名称	型号	数量	图片
稳压泵	65CDLF32－30	2	
稳压罐	D17－003－36	1	

续表

名称	型号	数量	图片
补水泵	25HYLZ13	4	
计量泵	AD846－818NI	4	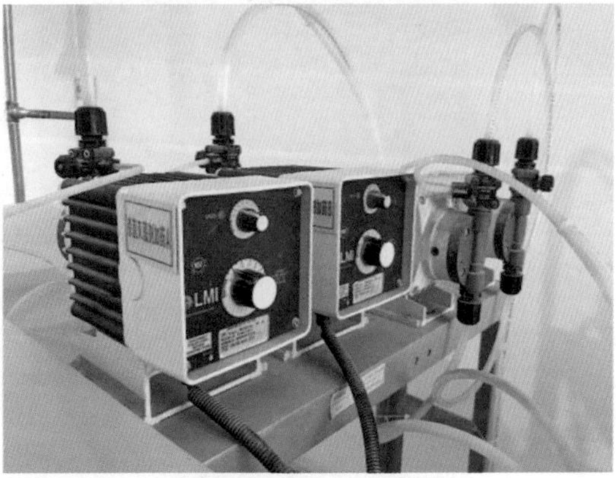

2.5.2 巡视要点

循环水系统巡视要点见表 2－16。

表 2-16　　循环水系统巡视要点

设备	图片	要点
循环水泵		调相机运行时，检查循环水泵出口压力在 0.2～0.4MPa 之间、循环水泵出口温度在 7～39℃之间，运行平稳无杂音
冷却塔风机		检查风机润滑油油位不低于 20mm，风机运行平稳无杂声
循环水母管		检查冷却水回水母管压力不大于 0.1MPa、电导率不大于 1800μS/cm、温度在 7～46℃之间、流量在 224～470L/s 之间

续表

设备	图片	要点
缓冲水池		检查缓冲水池液位在1000～1950mm之间
冷却塔水池		定期检查冷却塔水池内水质及结垢情况，定期利用电动滤水器及循环水母管排污改善水质

2.5.3 应急要点

循环水系统应急要点见表2－17。

表2－17 循环水系统应急要点

现象	图例	要点
电动滤水器启动排污阀排污不当引发跳机事故	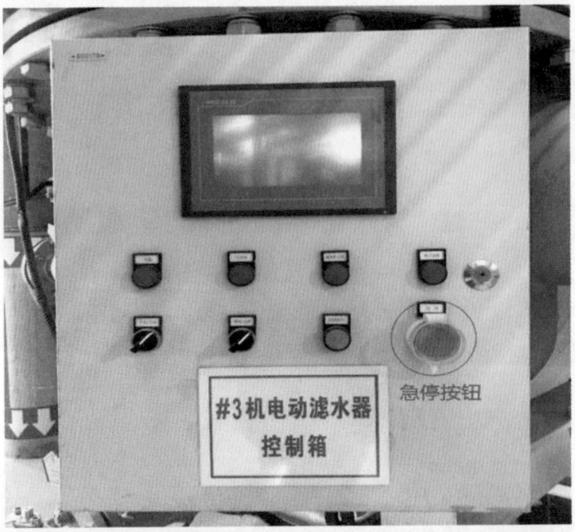	如由于电动滤水器启动排污阀排污，导致缓冲水池液位下降过快，应立即去现场检查电动滤水器排污门是否未关闭并立即就地关闭排污门，防止循环水缓冲水池液位低低，而引发跳机事故
循环水泵房出现水淹情况		出现水淹泵房情况时，应立即开启排污泵排污，同时采取人工措施或移动式排污泵及时将泵房的水排至室外；如情况严重还应及时停止循环水泵并断开所有电源，及时汇报，时刻关注内冷水系统、润滑油系统、空气冷却器系统的温度变化，并采取相应措施

2.6 除 盐 水 系 统

2.6.1 设备概况

调相机除盐水系统由制水设备和加药设备构成，其中制水设备由 3 个子系统构成：超滤、反渗透、EDI 子系统，见图 2－17。加药设备由加碱、阻垢剂、还原剂设备构成，见图 2－18。

图 2－17 除盐水超滤、反渗透、EDI 子系统

图 2－18 除盐水系统加药设备

其中水箱 4 个、药箱 5 个、水泵 15 台、加药泵 8 台、搅拌器 4 台、过滤器 3 台、压力变送器 21 个、压力开关 16 个、压力表 23 个、手动阀门 93 个、电动

阀门 18 个。除盐水系统设备概况见表 2－18。

表 2－18　　除盐水系统设备概况

名称	型号	数量	图片
原水箱	$V=3m^3$，$\Phi1600$	1	
原水泵	CRI3－8 A－FGJ－I－E－HQQE	2	

续表

名称	型号	数量	图片
叠片过滤器	2SK	1	
超滤	Liqui－Flux W 系列 W10－08N/L2266	1	

续表

名称	型号	数量	图片
超滤产水箱	V=3m³，Φ1600	1	
RO 水泵	CRI10－04 A－FGJ－ I－E－HQQE	2	
反洗水泵	CRI15－02 A－FGJ－ I－E－HQQE	2	

续表

名称	型号	数量	图片
一级 RO 高压泵	CRN15－09 A－FGJ－G－V－HQQV	2	
二级 RO 高压泵	CRN10－10 A－FGJ－G－V－HQQV	2	
一级反渗透膜组件	膜型号：BW30FR－400/34	3	

续表

名称	型号	数量	图片
二级反渗透膜组件	膜型号：BW30HRLE－440	2	
RO 产水箱	V＝3m^3，Φ1600	1	
EDI 给水泵	CRI5－11 A－FGI－I－E－HQQE	2	

续表

名称	型号	数量	图片
EDI膜组件	模块型号：MK－3	2	
除盐水箱	$V=7\mathrm{m}^3$，$\Phi1800$	1	

续表

名称	型号	数量	图片
纯水输送泵	CRI5－11 A－FGI－I－ E－HQQE	2	
加药计量泵	AD846－818NI	8	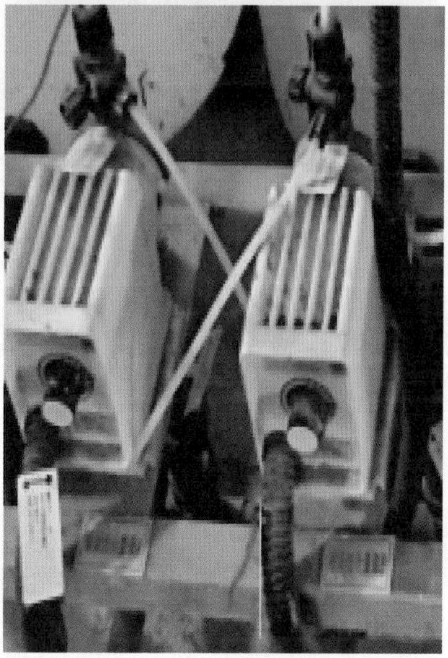

2.6.2 巡视要点

各水泵、药泵动力柜正常运行时，水泵等均应采用自动控制模式，阀门位置正确，电源正常投入。除盐水系统巡视要点见表 2－19。

表2-19　　除盐水系统巡视要点

设备	图片	要点
阀门控制旋钮	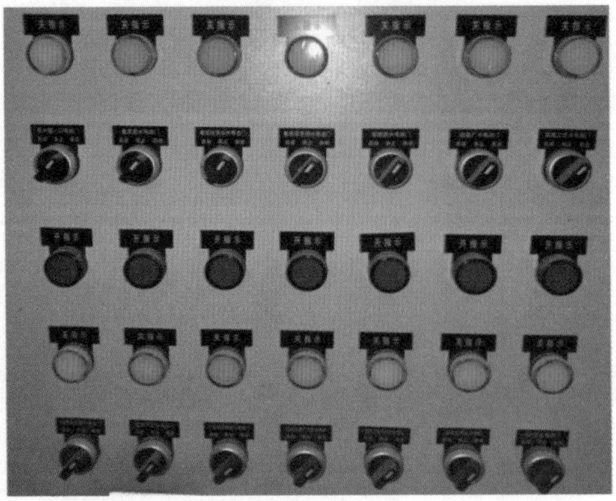	正常运行应在自动
水泵旋钮	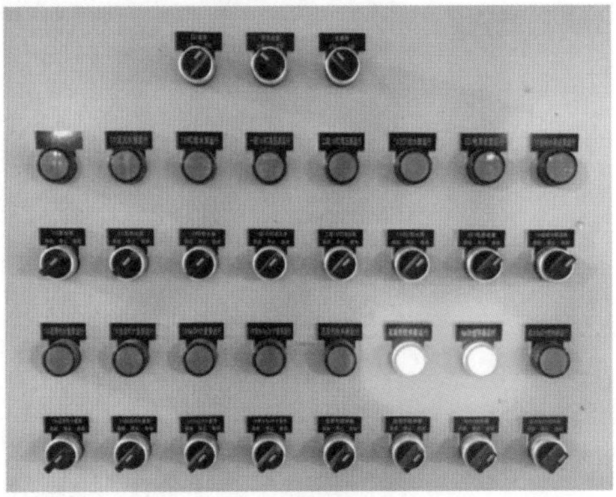	正常运行应在自动
在线表计		（1）表计示数在范围内：原水箱液位500～1200mm，叠滤压差≤150kPa，超滤浊度≤0.2NTU，一级RO进水ORP≤250mV，一级RO产水电导≤20μS/cm，二级RO产水电导≤10μS/cm，一级RO进水压力≤1.5MPa，二级RO进水压力≤1.5MPa，二级RP进水PH在6～9范围，EDI电导≤1μS/cm，EDI水箱在500～2000mm。 （2）定期对除盐水制水系统在线监测表计进行检查、校验。发现异常时需取水样送检标定在线表计

续表

设备	图片	要点
水泵及设备阀门		（1）水泵根据制水各水箱液位启动，当后台报某水箱液位低时，前一子系统启动，可观察水泵等子系统设备运行。现场除盐水制水区域水泵运转正常，声音应平稳无杂音 （2）各泵及设备阀门、管道完好，无跑、冒、滴、漏现象，水泵运转声音，类似电机轴承损坏等会产生杂音，此类故障无法上报 （3）定期对除盐水制水系统运行泵及电机进行红外测温，发现异常应及时处理

2.6.3 应急要点

除盐水系统应急要点见表 2-20。

表 2-20 除盐水系统应急要点

现象	图片	要点
超滤装置进口压力过低		（1）检查是否清水泵故障，检查生水泵、多介质过滤器，必要时更换 （2）检查进水阀门是否故障，必要时更换

续表

现象	图片	要点
反渗透装置过滤器进出口压差高（≤25kPa）		（1）检查滤芯是否堵塞，若是则更换滤芯 （2）检查压力表是否准确，必要时对压力表进行修正
反渗透装置产水流量下降，脱盐率增加，前后压差增加		（1）解体检查反渗透膜元结垢状况，对结垢进行取样化验，鉴定垢的成分 （2）针对结垢情况配药对反渗透膜元进行清洗 （3）降低反渗透回收率 （4）加强对水垢的控制，调整阻垢剂药量
EDI 装置产水流量低		（1）检查淡水室是否污堵，若是则查看进水中的有机污染物浓度并进行处理 （2）检查进水压力是否太低，若是则查看前置过滤器是否防止杂质进入 EDI，再进行处理

2.7 润滑油系统

2.7.1 设备概况

调相机站润滑油集装装置主要包括主油箱底座、布置在主油箱上的润滑油系统、顶轴油系统和排油烟系统三大系统以及相互之间连接的管路、支架、附件等。润滑油系统主要包括交、直流润滑油泵，润滑油稳压装置，润滑油冷却装置，润滑油过滤装置等。润滑油净化、储存、排空及输送系统包括油净化装置、储油箱、输送泵及以上三个设备与主油箱连接的管路、支架、附件等。具体如图 2-19～图 2-22。

润滑油系统主要包括 2 台交流润滑油泵、1 台直流润滑油泵，2 台润滑油冷却装置、润滑油过滤装置和润滑油蓄能器等。顶轴油系统包括 2 台交流顶轴油泵和 1 台直流顶轴油泵，顶轴油系统并联在润滑油系统回路上。主油箱 1 个，净污油箱各 1 个，油泵 9 台，排烟风机 2 台，冷却器 2 台，过滤器 2 台，温度计 10 个，压力变送器 11 个，压力开关 21 个，电磁阀 10 个，压力表 19 个，手动阀门 85 个，电动阀门 17 个。润滑油系统设备概况见表 2-21。

图 2-19　润滑油集装装置及油箱上部交流润滑油系统

图 2-20　润滑油集装主油箱上部顶轴油系统

图 2-21　润滑油净化装置

图 2-22　润滑油排空及输送泵

表 2-21　　润滑油系统设备概况

名称	型号	数量	图片
同步调相机润滑油系统供油装置	TTS-300-2-XA 15m^3	1	
交流润滑油泵	NSSV50-250W106	2	
直流润滑油泵	NSSV50-160W106	2	

续表

名称	型号	数量	图片
润滑油板片式冷油器	i150－BZM	2	
润滑油双筒过滤器	HYDC 双筒管路过滤器 RFLD	2	
交流顶轴油泵	A10VSO 18 DR/31R－PPA12NOO（轴向柱塞变量泵）	2	 调压 调流

续表

名称	型号	数量	图片
直流顶轴油泵	A10VSO 18 DR/31R－PPA12NO（轴向柱塞变量泵）	2	 调压 调流
润滑油蓄能器	XNQZZ－2A	1	
润滑油油排烟风机	格凌侧风道风机 G－200 系列	2	

续表

名称	型号	数量	图片
润滑油油烟分离装置	PYFJ－X1512A	1	
润滑油净化装置	HNP073R3HNP－X34	1	
润滑油排油泵	RAH12R6K21	2	
润滑油储油箱	SH－17F824－01	1	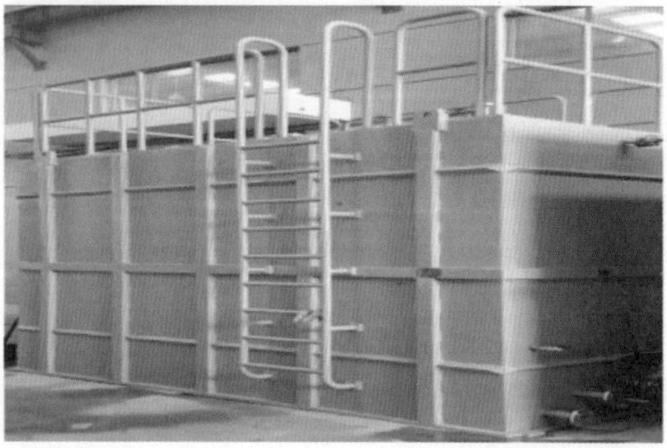

2.7.2 巡视要点

润滑油系统巡视要点见表 2－22。

表 2－22　　润滑油系统巡视要点

设备	图片	要点
润滑油集装		润滑油系统动力柜正常运行时，油泵、风机等均应采用自动控制模式，阀门位置正确，电源正常投入。油泵、风机振动正常，油压、温度、油箱液位在正常范围内，集装及各设备无渗漏油
油泵、风机旋钮	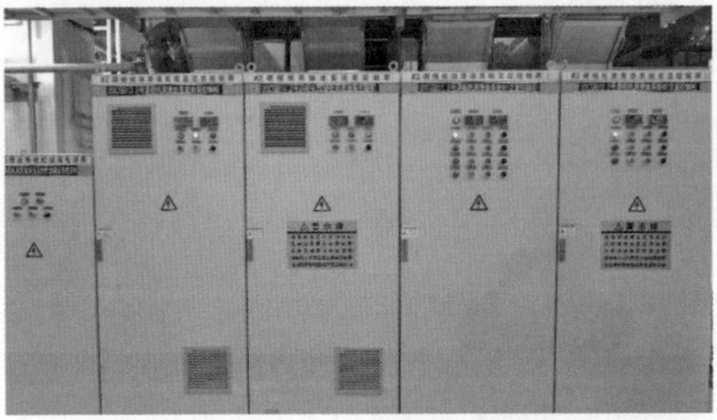	正常运行时应在自动档位，各指示灯显示正常。电流表、电压表显示值在正常范围
在线、就地表计示数正常		表计示数在范围内，油箱液位在 440～660mm 之间，油箱温度在 35～67℃之间，油箱负压在－5～－20mbar 之间，润滑油泵出口压力＞0.5MPa，润滑油出口母管温度 45℃左右

续表

设备	图片	要点
蓄能器氮气囊侧压力正常		润滑油蓄能器氮气囊侧压力＞0.5MPa
润滑油净化装置		油净化装置运行指示正常，真空泵油室液位正常，液位罐在正常范围内，各滤网压差无告警
润滑油过滤器		润滑油过滤器前后压差无告警，设备无渗漏

续表

设备	图片	要点
各泵及设备阀门、管道		各泵及设备阀门、管道完好，无跑、冒、滴、漏现象，油泵、风机及电机运转声音（轴承损坏等会产生杂音）异常时，此类故障需要及时切换和联系维修处理
排油泵		排油泵动力柜运行正常，泵前后阀门指示正确
润滑油泵、风机及电机和动力屏柜	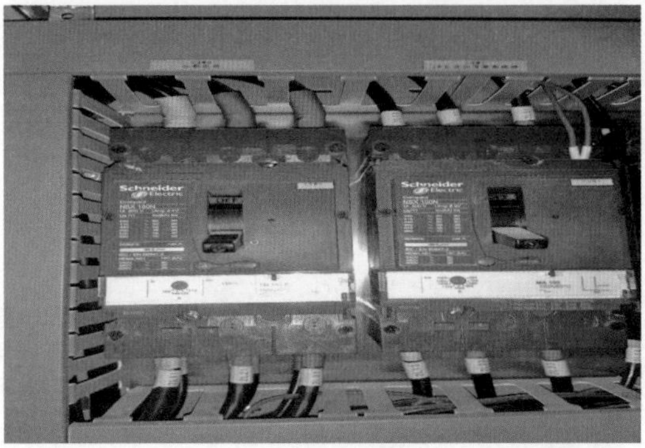	定期对润滑油泵、风机及电机和动力屏柜进行红外测温，发现异常应及时处理

2.7.3 应急要点

润滑油系统应急要点见表 2-23。

表2-23　　润滑油系统应急要点

现象	图例	要点
润滑油箱温度过高引发跳机事故		如冷却器失去外冷水或脏污堵塞，进而造成无法冷却润滑油，使进入轴承的润滑油温度持续升高。当轴承温度升高至99℃时报警，升高至107℃时跳机，若持续升高将造成轴承和转子烧坏的恶劣事故。当发现油温异常升高时，要及时进行检查外冷水供水、冷却器脏污、温控阀控制等情况，将油温控制在正常范围内
润滑油排烟风机底部积油造成电机烧坏情况		润滑油排烟风机长时间运行后会在风机底部积聚一定量的润滑油，若不定期进行排放，将造成风机电机出力过大造成风机电机烧损的情况。目前已在排烟风机底部加装排油孔，运维人员需定期对风机底部积油进行排污
润滑油蓄能器氮气囊压力降低情况		润滑油蓄能器有依靠皮囊内氮气压力释放稳定系统油压的功效。若氮气囊内压力泄漏无法起到稳定系统压力功能，存在油泵切换时系统油压波动大情况，进而会使油泵切换失败或频繁切换造成油泵空开跳闸风险，影响系统安全稳定运行。当氮气囊压力泄漏时，需尽快隔离蓄能器，对氮气囊漏点进行检查处理并及时补充氮气至压力正常

续表

现象	图例	要点
润滑油设备或管道发生泄漏情况		润滑油系统设备或管道发生泄漏时，当泄漏量较小时，会影响轴瓦的供油，使轴瓦油膜建立困难，磨损轴瓦和转子，应及时处理漏点，若漏点无法处理应立即停机；当泄漏量较大时，应立即停机，待机组惰转至O后，在进行处理和检查。当发生润滑油泄漏时，注意做好遮挡、收集处理，防止润滑油接触高温而引发火灾风险